贵州省职业技能学历双提升工程

服装制作工艺

贵州省教育厅 / 编

贵州大学出版社
Guizhou University Press

图书在版编目（CIP）数据

服装制作工艺 / 贵州省教育厅编. -- 贵阳 : 贵州大学出版社, 2022.11
贵州省职业技能学历双提升工程
ISBN 978-7-5691-0665-7

Ⅰ. ①服… Ⅱ. ①贵… Ⅲ. ①服装－生产工艺－职业教育－教材 Ⅳ. ① TS941.6

中国版本图书馆 CIP 数据核字 (2022) 第 216876 号

贵州省职业技能学历双提升工程·服装制作工艺

编　　者 / 贵州省教育厅

出 版 人 / 闵　军
责任编辑 / 钟昭会　杨臻圆
设　　计 / 陈　丽　张　晴
出版发行 / 贵州大学出版社有限责任公司
地址：贵阳市花溪区贵州大学东校区出版大楼
邮编：550025　电话：0851-88291180

印　　刷 / 贵阳精彩数字印刷有限公司
开　　本 / 889毫米×1194毫米　1/32
印　　张 / 6.25
字　　数 / 110千字
版　　次 / 2022年11月第1版
印　　次 / 2022年11月第1次印刷
书　　号 / ISBN 978-7-5691-0665-7
定　　价 / 22.00元

编委会

前　言

“职业技能学历双提升工程”（以下简称“双提升工程”）是贵州省整体提升教育水平攻坚行动计划的“七大工程”之一。“双提升工程”主要帮助16—59周岁未上学或低学历劳动者提升文化水平，让他们能学习一技之长，提高就业的核心竞争力，实现劳动增收。

开展“双提升工程”意义重大。首先，它是提高人均受教育年限最直接、快捷的办法；其次，它是实施“技能贵州”、补足短板最重要的途径；最后，它是广大农民在家增收致富、外出务工的“锦囊妙计”。在家的农民朋友经过“双提升工程”培训后，能够掌握种植、养殖和农产品加工等技术，学会苗绣、蜡染等非物质文化传承技术，很好地实现增收致富。贵州是劳务输出大省，但许多外出务工者只能从事待遇较低的简单劳力工作。如果经过“双提升工程”培训，拿到一个相关的技术证书，收入就可能是普通工人的2—3倍或更高。如同样去建筑工地打工，懂技术的钢筋工、水泥工、水电工就比普通工人的工资多一倍以上。

为确保“双提升工程”有序开展，贵州省教育厅委托黔南布依族苗族自治州教育局组织黔南民族幼儿师范高等专科学校和贵州大学出版社编写文化基础教材，组织黔南民族幼儿师范高等专科学校、黔南民族职业学院、罗甸县中等职业学校、贵定职业技术学校等职业院校和贵州大学出版社编写专业技能课程教材，以此作为职业技术学校“双提升工程”的通用教材。本次教材的编写，无论是文化基础教材还是专业技能课程教材，都充分考虑了受教育者的学习能力与现有水平。文化基础教材通过通俗易懂的语言、简洁明了的图片等形式，向广大受教育群体讲述了我国优秀历史文化知识、政策法规等。专业技能课程教材则以劳动者日常生活所必需的技术技能为基础，重点介绍了电子电器的应用与维修、计算机的应用与维修、服装设计与工艺、民族服装与服饰、中餐烹饪等11个固定专业技能和4个具有地方特色的专业技能，具有较强的实用性和可操作性，充分体现了“双提升工程”与乡村振兴的密切联系。同时，本系列教材在内容设置上层层递进，让具有劳动能力但文化水平较低的劳动者可以通过培训，学习并掌握扎实的文化知识和专业技能，真实有效地提高全省劳动者的文化水平，进一步增强这一部分人的从业就业能力。

教育是国之大计、党之大计！教育兴则国家兴，教育强则国家强。职业教育是国民教育体系和人力资源开发的重要组成部分，肩负着培养多样化人才、传承技术技能、促进就业创业的重要职责。大力开展“双提升工程”培训，有利于践行“以人民为中心”的发展理念，帮助广大农民朋友提升学历，掌握一技之长，使他们能够更好地在家就业或外出务工，让他们“腰包鼓起来”，进而实现增收致富，达到“人人职教、个个就业、家家致富”的目标！

目　录

1　缝纫准备

缝纫操作

缝纫管理

1

缝纫准备

第一节　缝前准备

※ 学习目标

▶ 认识常见的服装面辅料。

▶ 认识生产通知单和工艺指导书。

▶ 能够根据裁片编码领取相应的裁片。

※ 学习重点

▶ 掌握纺织品面料的基本知识和工艺指导书的缝型要求。

一、常用面料的认识

服装面料是制作服装的物质基础，不同的服装面料有不同的特点，能体现出服装不同的功能。只有了解不同服装面料的特点，才能更好地体现服装面料的质地美，科学地设计、制作服装。

服装面料

1. 麻织物

（1）含义

麻织物是以苎麻、亚麻及其他麻纤维为主要原料纺织而成的织物，常见的麻织物有苎麻织物、亚麻织物和混纺麻织物。

（2）特点

优点：①透气性好，吸湿能力强；②染色性能好，不易褪色；③强度高，耐摩擦。

缺点：①弹性小，易生褶皱；②纤维较硬，抱合力差；③手感粗糙，悬垂性差。

苎麻织物

亚麻织物

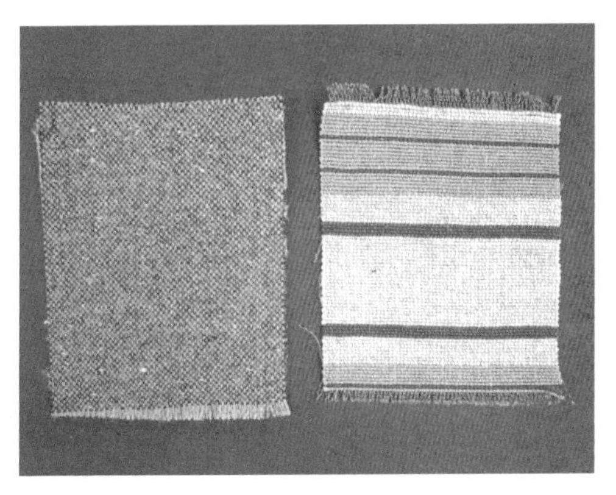

混纺麻织物

2. 棉织物

(1) 含义

棉织物是以棉纱或棉与化纤混纺纱线为主要原料纺织成的织物。

（2）特点

优点：①透气性好，吸湿能力强；②柔软舒适，保暖性好；③坚牢耐用，经济实惠；④染色性能好，耐碱性强。

缺点：①易缩水，缩水率在 4% ～ 10%；②易生褶皱，定型效果差；③易褪色，易粘毛；④不耐霉菌，易发霉。

棉织物

3. 毛织物

（1）含义

毛织物是以羊毛、兔毛、骆驼毛等为主要原料，或以羊毛与其他化纤混纺、交织而成的织物，又称呢绒。

（2）特点

优点：①透气性好，吸湿能力强；②手感柔软，富有弹性；③质地坚韧，耐磨性好；④保暖性好，不易褪色。

缺点：①易缩水，难清洗；②易被虫蛀，经常摩擦会起球；③抗菌性能差，长时间放置易发黄。

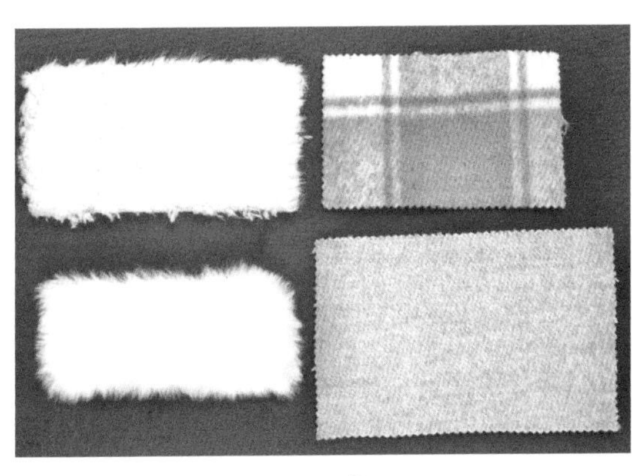

毛织物

4. 丝织物

（1）含义

丝织物是以蚕丝为主要原料纯纺、混纺或交织而成的织物。

（2）特点

优点：①透气性好，吸湿能力强；②质地柔软，耐热防尘；③抗紫外线性能良好，可有效地防止皮肤晒伤。

缺点：①耐光性差，易褪色；②抗皱性差，长时间悬挂易变形；③耐磨性差，易被划破。

丝织物

5. 化学纤维织物

（1）含义

化学纤维织物是以化学纤维为原料纯纺、混纺或交织的织物。

（2）特点

优点：①强度高，耐磨性好；②弹性大，不易变形；③易洗快干，不易缩水；④耐热性好，耐高温，耐辐射。

缺点：①透气性差，吸湿能力差；②容易产生静电，易起球；③吸附性差，不易染色，与其他面料的融合性不强。

化学纤维织物

面料经纬向与正反面的识别

1. 常用面料经纬向的识别

（1）根据布边识别

对于一般面料，与布边平行、匹长同方向的是经向，与经向垂直的是纬向。

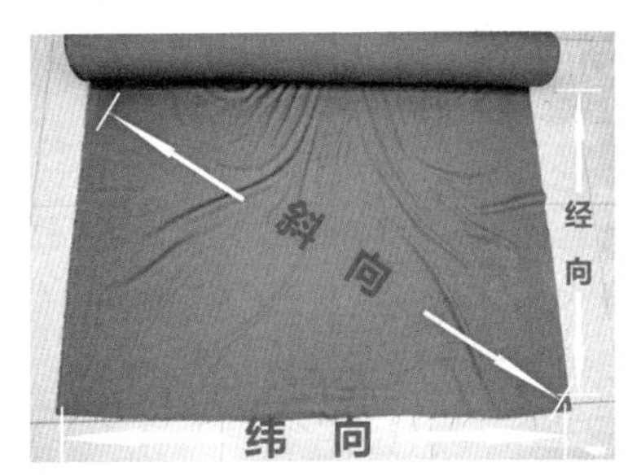

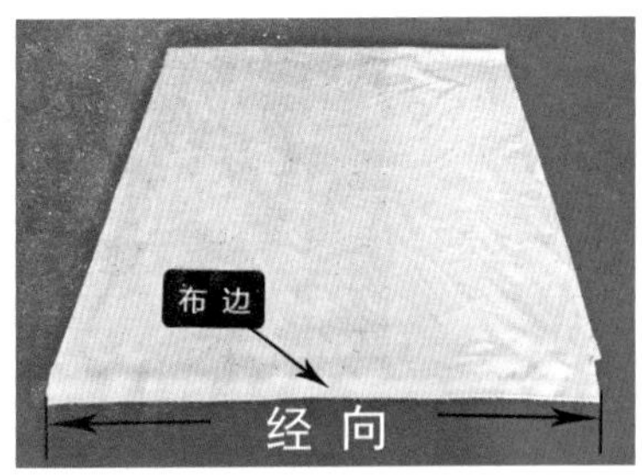

根据布边识别

（2）根据弹性识别

对于没有布边的小块面料，可以拉一下看看弹性，有弹性的是纬向，无弹性的是经向。

根据弹性识别

（3）根据花纹识别

对于有花纹的面料，与花纹方向平行的是经向，与经向垂直的是纬向。

根据花纹识别

（4）根据压褶识别

对于有压褶的面料，与压褶方向平行的是经向，与经向垂直的是纬向。

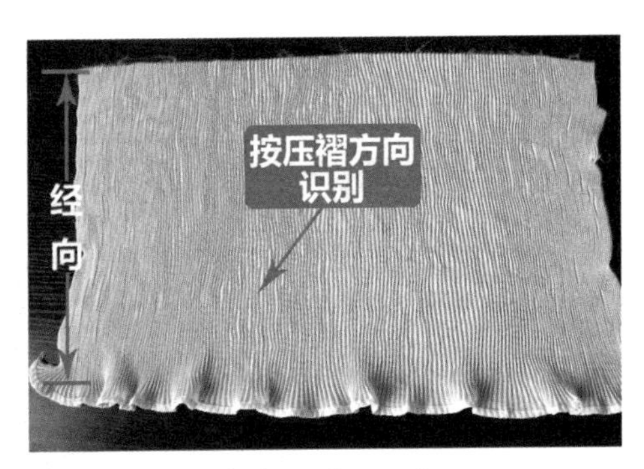

根据压褶识别

（5）根据毛圈识别

对于有毛圈的面料，起毛圈的是方向是经向，与经向垂直的是纬向。

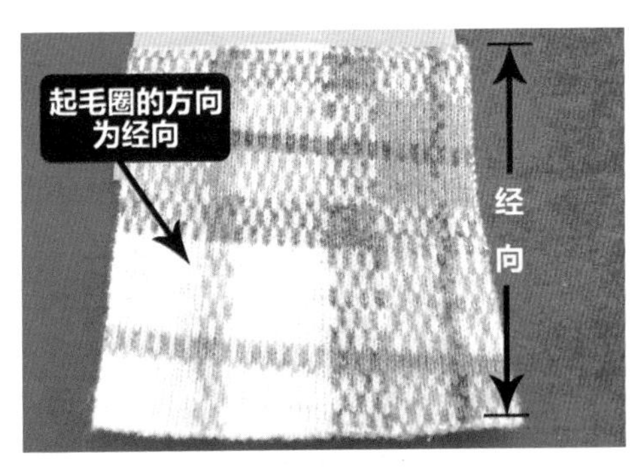

根据毛圈识别

2. 常用面料正反面的识别

（1）根据纹路特征识别

①平纹面料正面平整光滑，色泽鲜明，纹路清晰，反面布边粗糙，色泽暗淡，纹路不清。

平纹面料正反面识别

②斜纹面料分为单面斜纹和双面斜纹。单面斜纹面料正面纹路清晰，反面纹路模糊，双面斜纹面料正反面纹路均饱满清晰。

斜纹面料正反面识别

③缎纹面料纹路倾斜度小，正面平整光滑，富有光泽，反面纹路模糊，色泽暗淡。

缎纹面料正反面识别

（2）根据外观特征识别

①印花面料正面图案清晰，色泽鲜明，反面图案模糊，色泽暗淡。

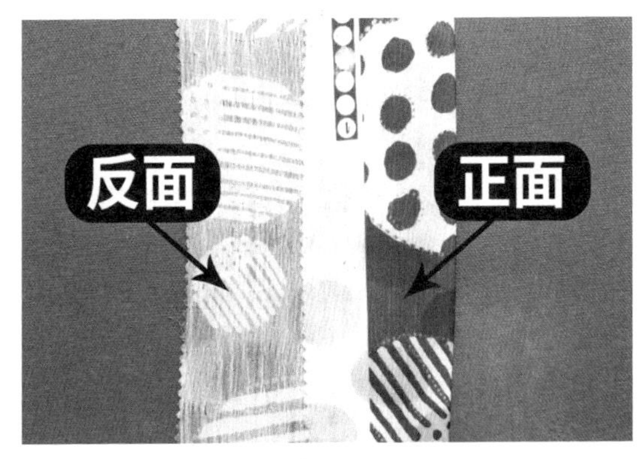

印花面料正反面识别

②纱罗面料正面纹路清晰，绞经突出，反面纹路模糊。

纱罗面料正反面识别

③毛巾面料正面毛圈密度大，反面没有毛圈。

毛巾面料正反面识别

（3）根据工艺特征识别

①烂花面料正面轮廓清晰，色泽鲜明，反面轮廓模糊，色泽暗淡。

烂花面料正反面识别

②毛绒面料正面有毛绒，反面没有毛绒。

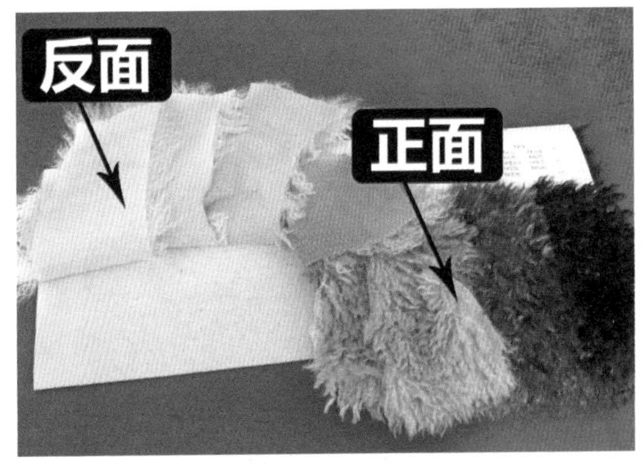

毛绒面料正反面识别

③提花面料正面工艺精细，反面有长条挑纱。

提花面料正反面识别

面料各种疵点的识别

面料在生产、印染、整理的过程中会产生不同的疵点，这些疵点会直接影响服装生产的效果。如果拿到裁片后发现这样的疵点，就要立即更换裁片。

常见的面料疵点有：

（1）条印

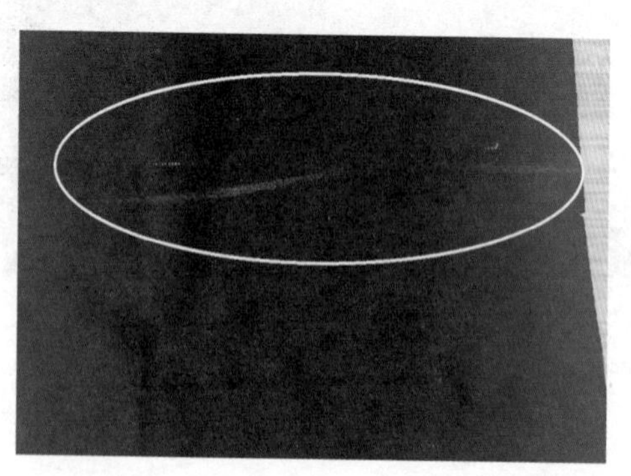

条印

（2）纱疵

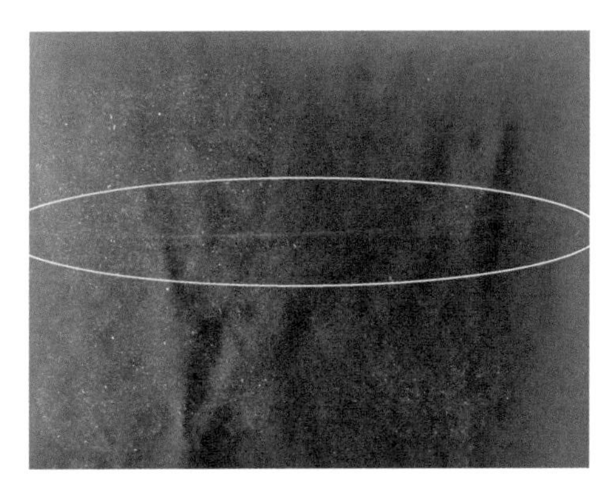

纱疵

（3）磨损

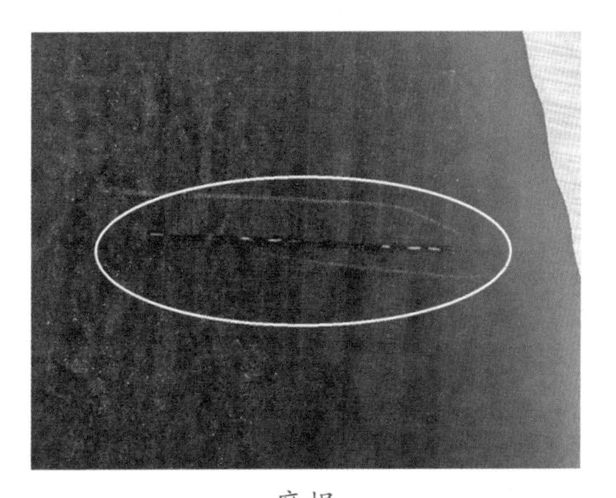

磨损

(4) 破洞

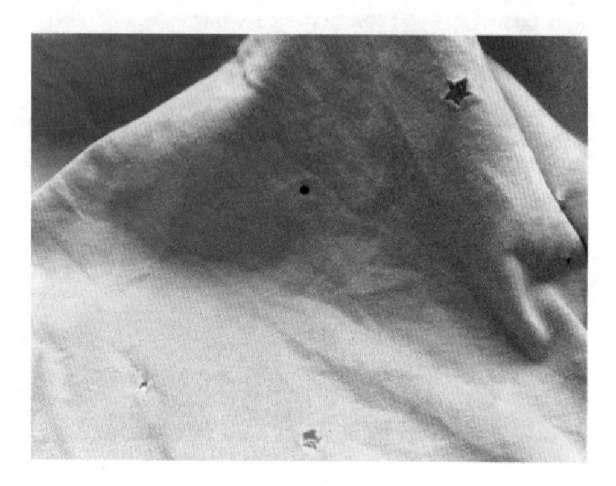

破洞

(5) 毛粒

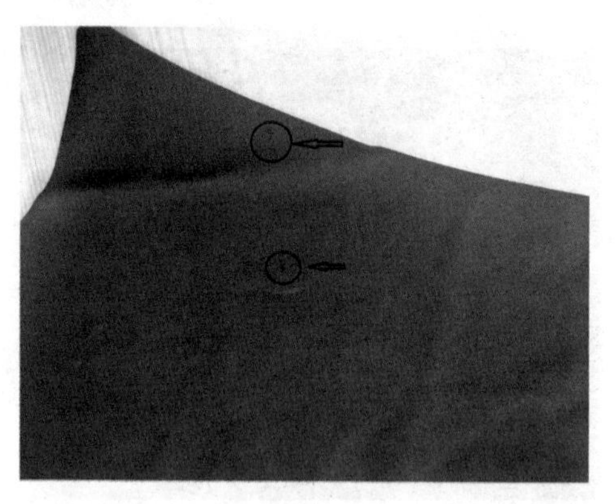

毛粒

二、常用辅料的认识

服装辅料是在制作服装过程中除服装面料外的其他辅助性材料，对服装起到辅助和衬托的作用。服装辅料的好坏直接影响服装的外观效果和内在质量。

选择适宜的服装辅料能使整件服装的设计和造型达到最佳的效果，服装辅料种类繁多，用途各异。不同款式、不同质地、不同用途的服装对辅料的要求各不相同。

服装衬料

服装衬料是用于服装面料与里料之间，附着或黏合在衣料上的材料，具有硬度高、弹性大等特点，能起到定型和支撑的作用，使衣服达到平挺的效果。常见的服装衬料有黏合衬、毛衬和树脂衬。

1. 黏合衬

（1）无纺黏合衬

无纺黏合衬又称纸衬，是以非织造布（无纺布）为底布的衬，适合制作夏季衣物。

无纺黏合衬

（2）布质黏合衬

布质黏合衬是以针织布或梭织布为底布的衬，适合制作冬季衣物。

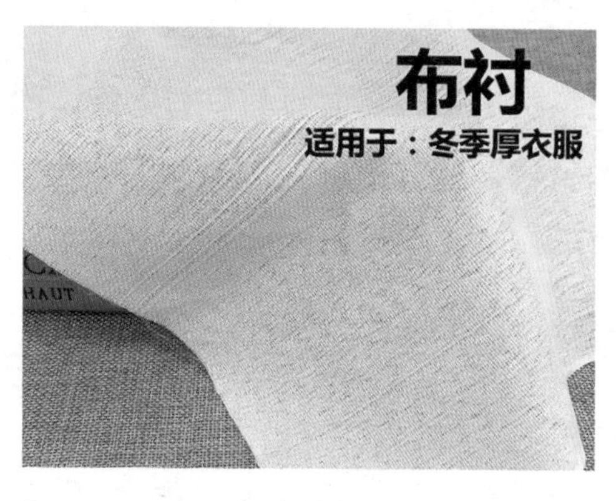

布质黏合衬

（3）硬质黏合衬

硬质黏合衬的硬度比无纺黏合衬和布质黏合衬要高，适合制作领衬。

硬质黏合衬

（4）双面黏合衬

常见的双面黏合衬薄如蝉翼，形似胶布，多用于粘连、固定两片面料。

双面黏合衬

2. 毛衬

（1）半毛衬

半毛衬又称半麻衬，是制作高级西服的专用衬，比黏合衬的级别更高。

半毛衬

（2）全毛衬

全毛衬又称全麻衬，是不使用黏合剂的西服衬，完全依靠毛衬自身的性能来衬托西服的造型。

全毛衬

3. 树脂衬

树脂衬是纯棉、混纺麻、化纤等平纹布经过浸轧树脂胶后制成的衬，硬度高，弹性大，适合制作领衬。

树脂衬

服装垫料

服装垫料位于服装里层，能使服装更加丰满，富有曲线感。常见的服装垫料有肩垫、胸垫和领垫。

（1）肩垫

肩垫又称垫肩，是服装肩部呈椭圆形的衬垫物，是塑造肩部造型的重要材料。

肩垫

（2）胸垫

胸垫是女性用于保护胸部、保持胸型的棉垫，能使服装在穿着时更具有美感。

胸垫

（3）领垫

领垫是服装领内的专用材料，确保衣领造型不走样，使衣领与人体颈部贴合。

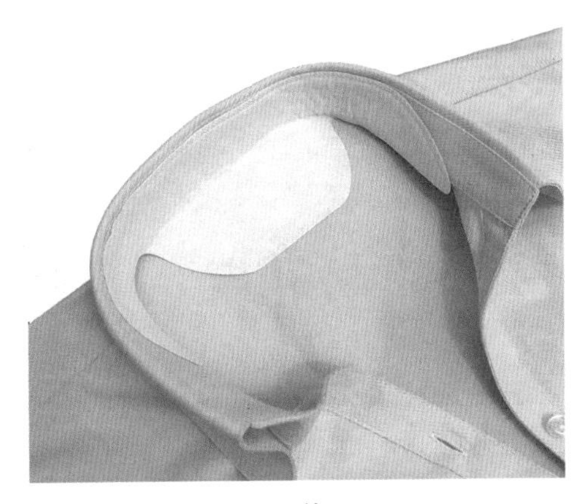

领垫

服装里料

服装里料是服装最里层的材料，是用部分或全部覆盖服装面料或衬料的材料。常见的服装里料有棉纤维里料、丝织物里料和合成纤维长丝里料。

（1）棉纤维里料

棉纤维里料的吸湿能力强，保暖性好，不易起静电，但光滑度不高。

棉纤维里料

（2）丝织物里料

丝织物里料平整光滑，透气性好，不易起静电，但易缩水。

丝织物里料

（3）合成纤维长丝里料

合成纤维长丝里料质地轻盈，平整光滑，坚牢耐磨，不易缩水和褪色，但吸湿性小，易起静电。

合成纤维长丝里料

服装线带类材料

1. 服装线类材料

服装线类材料是连接服装衣片且做装饰、编结或特殊用途的材料，具有表面光洁、色泽均匀、坚牢耐磨、缩水率小等特点，是服装加工中不可缺少的辅料。

（1）缝纫线

缝纫线具备可缝性和耐用性，根据纤维材料的不同，可分为棉线、涤棉线、涤纶线、包芯线、锦纶线等。

缝纫线

（2）工艺装饰线

工艺装饰线是以装饰为主要功能的股线，根据品种的不同，可分为绣花线、编结线、金银线等。在用作服装材料时，应按照面料和其他辅料的配套要求进行选用。

工艺装饰线

2. 服装带类材料

服装带类材料主要由装饰性带类、实用性带类、产业性带类和护身性带类组成。装饰性带类可分为松紧带、螺纹带、帽墙带、工艺装饰带等，实用性带类可分为裤带、背包带、水壶带、锦纶搭扣带等，产业性带类可分为消防带、交电带、汽车密封带等，护身性带类可分为护膝、护肩、护腰、束发圈等。

（1）松紧带

松紧带

（2）工艺装饰带

工艺装饰带

服装填充材料

服装填充材料是置于面料与里料之间，起保暖、降温及其他特殊功能的材料。常见的服装填充面料有棉花、动物绒毛、丝棉、合纤絮料、羽绒和混合絮料。

（1）棉花

棉花

（2）动物绒毛

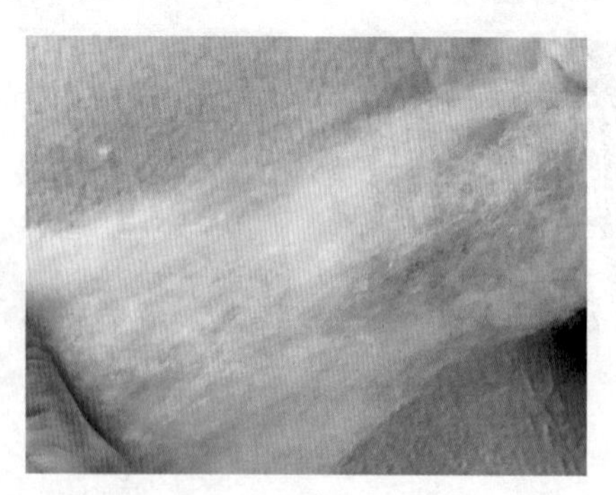

驼绒絮料

（3）丝棉

丝棉

（4）合纤絮料

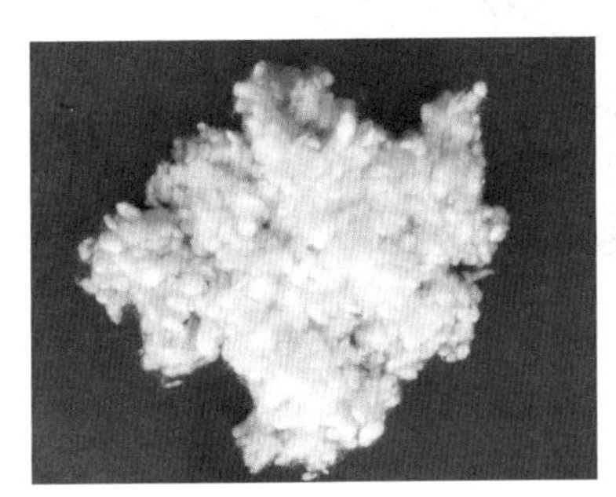

珍珠棉

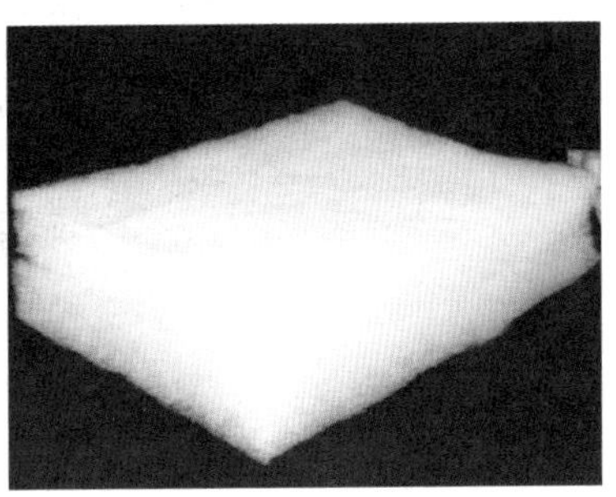

腈纶

（5）羽绒

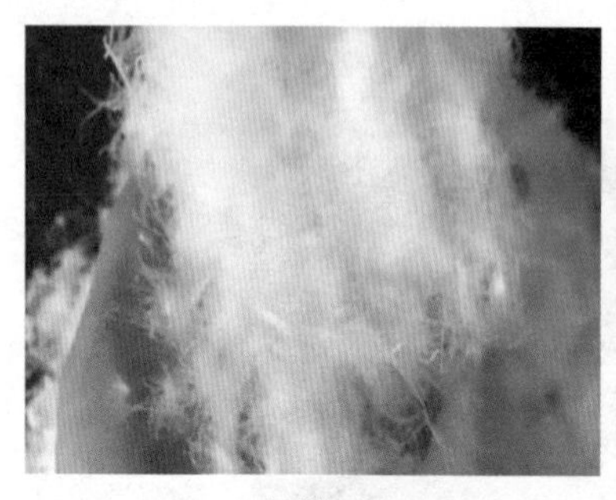
白鹅绒

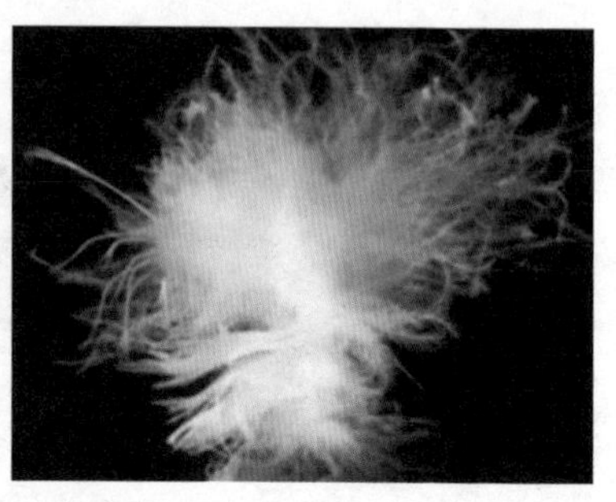
白鸭绒

（6）混合絮料

驼绒与腈纶混合絮料

服装紧扣材料

服装紧扣材料是服装中具有封闭、扣紧功能的材料，起连接、组合和装饰的作用，包括钩、环、纽扣、拉链等。

服装紧扣材料在服装中所占的比例不大，但其功能性和装饰性较强。在当今服装潮流趋于简约的背景下，服装紧扣材料的装饰作用越发突出，常常起到画龙点睛的作用，在服装中的应用相当广泛。

（1）纽扣

明眼纽扣

暗眼纽扣

正面 反面

子扣

母扣

子母纽扣

（2）拉链

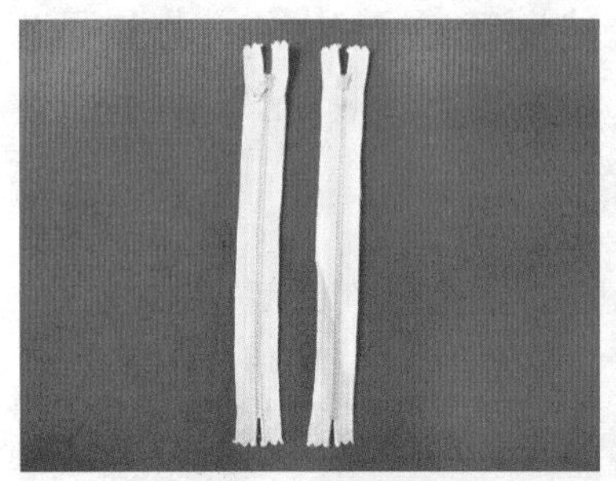
铜齿明拉链

塑料齿明拉链

外套长拉链

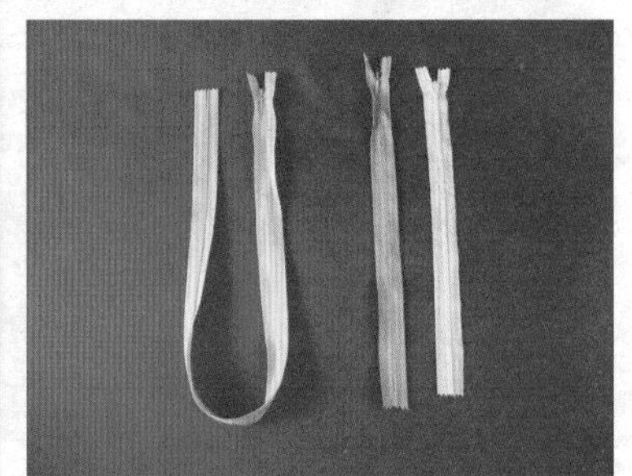
隐形拉链

服装装饰材料

服装装饰材料是附在服装面料上的贴花、刺绣、珠子、光片等材料，起到装饰和点缀的作用，增强服装的美感。

（1）贴花

贴花

（2）刺绣

刺绣

（3）珠子

珠子

（4）光片

光片

服装标识材料

服装标识材料是防止人们在购买服装时，将不同品牌的服装相混淆而设计的区别符号。常见的服装标识材料有商标、吊牌、PVC 章和反光章。

（1）商标

商标又称布标，适合制作领标。

商标

（2）吊牌

吊牌又称牌仔，主要用于描述衣物成分和品牌特点。

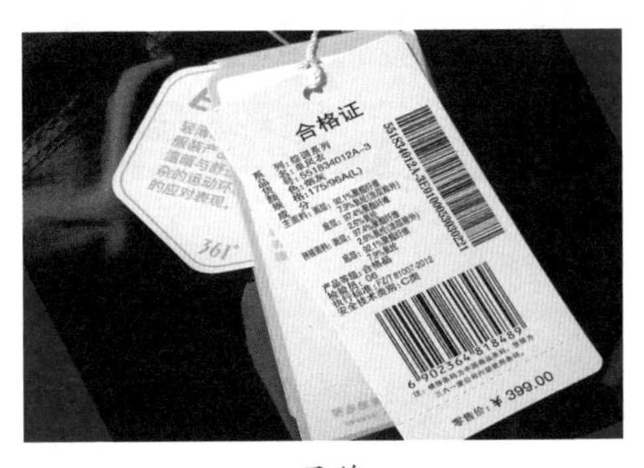

吊牌

(3) PVC 章

PVC 章多为塑料制品，可灵活塑造各种形象。

PVC 章

(4) 反光章

反光章有较强的反光能力，能起到一定的装饰作用。

反光章

服装包装材料

服装包装材料是在服装运输、储存、销售的过程中，用以保护服装外形和质量，便于识别、销售服装而使用的特定材料。常见的服装包装材料有塑料包装袋、纸质包装袋和纸质包装箱。

（1）塑料包装袋

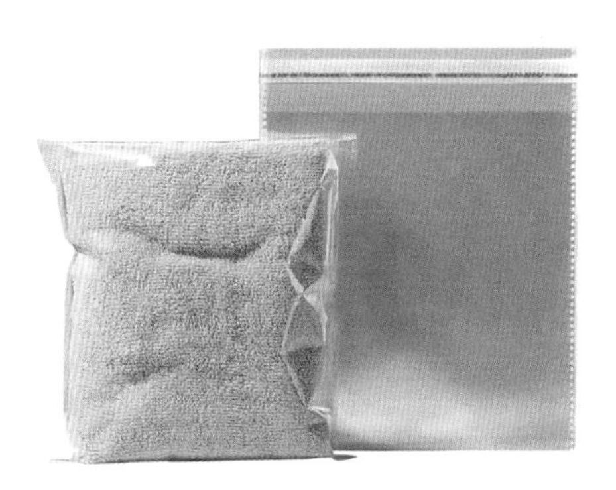

塑料包装袋

（2）纸质包装袋

纸质包装袋

（3）纸质包装箱

纸质包装箱

三、生产通知单的认识

服装生产是一个复杂且细致的工作，但无论是多么复杂的工作，只要我们按照流程和要求去做，就可以把它做好。

认识生产通知单

生产的服装款式不一样，生产通知单的格式也不一样。但无论具体内容如何变化，生产通知单里都会有颜色、尺码、数量、款式图、主辅料表、工艺要求、包装要求等基本要素。

生产任务通知单

款号：××××	合同号：××××	数量：400件
面料：针织棉	商品名称：男式衬衫	制单日期：××年××月××日
交货日期：××年××月××日	工厂：××××××××	

颜色/尺码/数量				
颜色	尺码			合计
	M	L	XL	
黑色	50件	100件	50件	200件
白色	50件	100件	50件	200件
总计	100件	200件	100件	400件

包装方案：

包装要求：一件一塑料袋再装小纸箱包装，24个小纸箱放一个大纸箱包装。以混色混码装箱。1～17箱均以1：2：1比例装箱。

主辅料表		
品名	单件消耗	总量
面料	2米	800米
主唛	1个	400个
扣子	11个	4400个
尺码唛	1个	400个
洗水唛	1个	400个
吊牌	1套	400套
合格证	1个	400个
透明包装袋	1个	400个
旗唛	1个	400个
产地唛	1个	400个
洗水唛小胶袋	1个	400个
塑料袋	1个	400个
小纸箱	1个	400个
大纸箱	—	17个

图样：

要求：
1. 明线宽窄一致，衣片不起链，无漏针。
2. 领面部位不允许跳针、跳线，其它部位30cm内不得有两处单跳针。
3. 压衬注意温度、牢度，粘衬不反胶。
4. 领子两端对称等长，有窝势，翻领不反吐。
5. 不允许烫极光，不能有污迹线头，钉钮牢固。
6. 规格正确。

备注：主料、辅料均由定做方提供（以全部进库），具体装箱、工艺要求等详见附件，如有任何疑问，请与跟单部联系，谢谢合作！

服装生产通知单示例

领取并保管面辅料

根据生产通知单上的主辅料表领取面料和辅料时，要注意核对数量。领取后应妥善保管，不能打乱裁片或将其放在潮湿的地方。

主辅料表		
品名	单件消耗	总量
面料	2 米	800 米
主唛	1 个	400 个
扣子	11 个	4400 个
尺码唛	1 个	400 个
洗水唛	1 个	400 个
吊牌	1 套	400 套
合格证	1 个	400 个
透明包装袋	1 个	400 个
旗唛	1 个	400 个
产地唛	1 个	400 个
洗水唛小胶袋	1 个	400 个
塑料袋	1 个	400 个
小纸箱	1 个	400 个
大纸箱	—	17 个

主辅料表示例

核对裁片编号

服装企业在对服装进行裁剪时，每一张裁片背面都会有一个编号。相同编号的不同裁片能缝制成一件服装，这为流水生产带来了很大的便利。

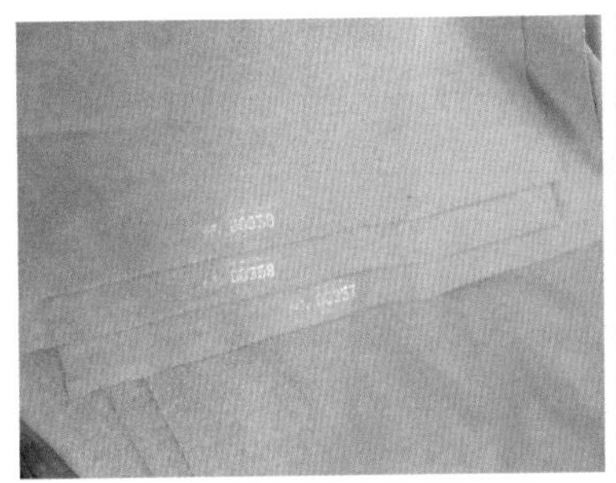

裁片编号一

裁片编号二

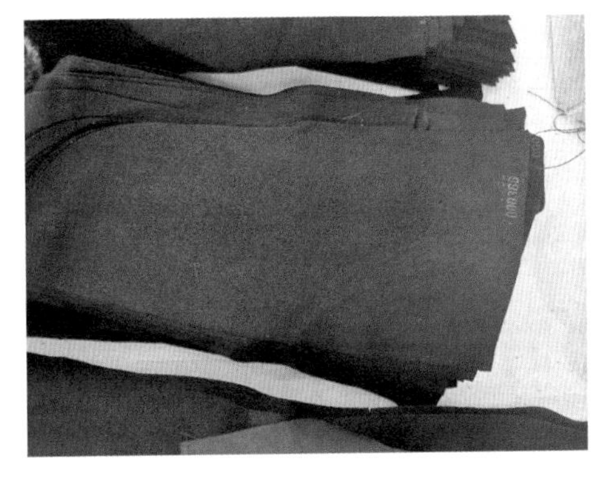

裁片编号三

四、工艺指导书的认识

认识工艺指导书

工艺指导书没有固定的模板，但目的都是让进行缝制操作的人员明白每个环节的操作和要求。

生产工艺单

订单号：　品牌：　款号：　品名：　日期：

尺寸规格(cm)					
部位	XS	S	M	L	XL
衣长					
胸围					
夹阔					
领宽					
前领深					
后领深					
门襟宽					
肩宽					
袖长					
膊骨走前					
袖口大					
袖衩					
袖贴					

原辅料	规格	数量	颜色	部位	长吊牌	1	
涤棉布			蓝色	全部衣身	吊牌	1	
涤棉线			蓝色	所有缝线	主唛	1	
纽扣			黑色	袖贴、门襟	尺码标	1	
无纺衬				门襟、袖贴、领			

工艺要求
1. 裁剪：核实裁剪数量正确，并按样板裁剪。拉布平整，一顺拖料，布边一边对齐，注意倒顺。面料色差，务部位刀眼钉眼对齐，丝绺顺直。打号清晰，位置适宜，不得漏号。
2. 缝纫：针距 4/1cm。此款领为衬衫领，领边压 0.5cm 明线，领座压 0.1cm 明线。肩缝压 0.5cm，18cm 袖中位外钉袖贴内钉袖衩。前门襟压 0.1cm 明线，按钉眼位打扣打扣眼。衣身与裙身拼接宽 2.5cm。裙摆卷边压 1.5cm 明线，后背拼接平整压 0.5cm 明线。
3. 订标：配色线车尺码标于后领中下边 1.5cm 处，洗标在穿起左边侧缝下起 15cm 线头修剪干净。
4. 整烫：整烫要平服，不起皱，无极光。一批产品的整烫折叠规格应保持一致。
5. 检测与包装：领口圆顺，左右袖对称、大小一致，商标标记清晰端正。成衣熨烫平挺，折叠平服端正。衣身保持清洁，无线头。每一批产品的包装要统一。

工艺指导书示例

识别工艺指导书应使用的设备和缝型

工艺指导书能帮助我们了解缝制部位应使用的设备、缝型等，在服装生产过程中，我们要严格按照这些要求去做。

序号	设备名称	部位、部件
1	粘合机	各部位衬粘合
2	电脑差动平缝机	用于合前襟、后身中缝、腰缝、袖底、外缝等各部位缝制
3	三线环缝	各部位环缝
4	曲折缝机	纳胸衬、领面里结合
5	42针套结机	裤直袋口、小裆、
6	开袋机	下开袋
7	锁圆眼机	肩部
8	圆头锁眼机	前襟、肩袢、下开袋
9	锁直眼机	胸部
10	28针套结机	锁圆头眼打结
11	28针打结机	钉臂章袢、裤串带
12	绱袖机	袖面
13	撬领机	领里下口与身面结合
14	绷缝机	扎臂章袢、裤串带
15	扦缝机	袖口、底边、脚口、驳口
16	敷衬机	胸衬
17	单针链武机	裤了侧缝、下裆缝
18	双针链式机	前后立裆缝
19	攥肩垫机	垫肩
20	钉扣机	前身里襟、下开袋口
21	胸部定型机	半成品胸部定型

设备要求示例

项目		针距	质量要求
平缝	明线	12针/3cm～14针/3cm	缝纫线路顺直，首尾回针，定位准确，距边宽窄一致，结合牢固，松紧适宜
	暗线	11针/3cm～13针/3cm	
单、双针双链		11针/3cm～13针/3cm	不应接线
环缝		9针/3cm～11针/3cm	环缝宽不小于0.4cm，切边宽不大于0.2cm
扦缝	驳口、脚口	6针/3cm～8针/3cm	表面透针超过0.1cm的连续透针限4cm，每脚口限一处，不得掉针
	袖口、底边	4针/3cm～6针/3cm	表面透针超过0.1cm的连续透针，袖口限2cm，每袖口限一处，底边限3cm，每件限两处
撬缝		6针/3cm～8针/3cm	不得掉针
曲折缝	领面里结合	8针/3cm～10针/3cm	—
	纳胸衬	1针/cm	—
固定攥线	手工	每针2cm～4cm	双线固定
	机缝	4针/3cm～6针/3cm	首尾回针
打结		42针/结	结长1cm～1.1cm，宽度0.1cm～0.15cm
锁眼	2.2cm圆头眼	50针/眼	圆眼结不少于21针，扣眼根部采用28针套结机打结，结长齐眼宽。可用锁眼、打结一体化设备，正面尾线长度应小于0.2cm，反面毛纱清剪
	1.5cm圆头眼	36针/眼	
	0.5cm直眼	每眼不少于21针/眼	直眼规整、正面尾线长度应小于0.2cm
	Φ0.5cm圆眼		圆眼规整、正面尾线长度应小于0.2cm
钉扣	带柄扣	每粒不少于12针	反面留扣结线长0.5cm～1cm，扣面图案端正，扣柄顺扣眼

缝型要求示例

五、生产记录的认识

为保证生产过程的可追溯性，我们要学会填写相应的生产记录，准确完整地记录生产进度、产品数量和质量等信息。每个企业的生产记录都具有自己的特色，但大体内容相同。

认识生产记录

生产记录样本

日期	进度及生产记录														
摘要	1	2	3	4	5	6	7	8	9	10	11	12	13	14	15
组别															
工种															
品名															
预定效率															
实际效率															
预定产量															
实际产量															
效率差额															
产量差额															

日期	进度及生产记录														
摘要	16	17	18	19	20	21	22	23	24	25	26	27	28	29	30
组别															
工种															
品名															
预定效率															
实际效率															
预定产量															
实际产量															
效率差额															
产量差额															

生产记录样表一

服装加工统计表							
姓名	领货时间	件数	型号	颜色	交货时间	金额	备注

生产记录样表二

填写生产记录

填写生产记录的注意事项：

▶ 信息填写有误时，不得任意涂改，在填错处画线删除，在旁边标明正确的数据或文字，并签上名字和日期。一份生产记录上不允许修改超过 3 次。原始数据必须清晰可辨，不得使用涂改液等进行修改。

▶ 不得用“……”或“同上”来表示重复。除备注栏外，表内不得留有空格。无内容填写时，一律用“/”或“—”表示。

▶ 记录的填写应采用规范字，所涉及的物料名、产品名、车间名等名称，均应写为正式名称，不得使用简称或俗称。

▶ 日期统一按年、月、日填写。年必须用四位数表示，月和日必须用两位数表示，如2021年12月15日。时间必须采用24小时制填写，时、分均用两位数表示，如早上八点三十三分，表示为08：33。

第二节 设备准备

※ 学习目标

▶ 学会对所使用的缝纫设备和熨烫设备进行保养。

▶ 能够熟练掌握缝纫设备和熨烫设备的基本操作。

▶ 能够根据面料特性判断并调节机器线迹的松紧。

※ 学习重点

▶ 掌握缝纫设备和熨烫设备的构造知识、使用方法和保养方法。

一、缝纫设备常识

随着社会进步和科技水平的发展，服装设备也在不断发展。在服装的规模化生产中，电动裁剪设备和缝纫设备已经能够代替手工制衣的裁剪、缝制等工艺。缝纫设备是服装生产的主要设备，在服装设备的发展过程中具有很强的代表性。

平缝机

1. 平缝机

平缝机是用缝纫线在缝料上形成一种线迹，使一层或多层缝料交织或缝合起来的机器。根据缝纫速度，可分为中速平缝机和高速平缝机。在服装加工过程中，平缝机具有拼、合、纳、扎等多种功能，结构简单，使用灵活，维修方便，是服装生产中数量最多、用途最广的设备。

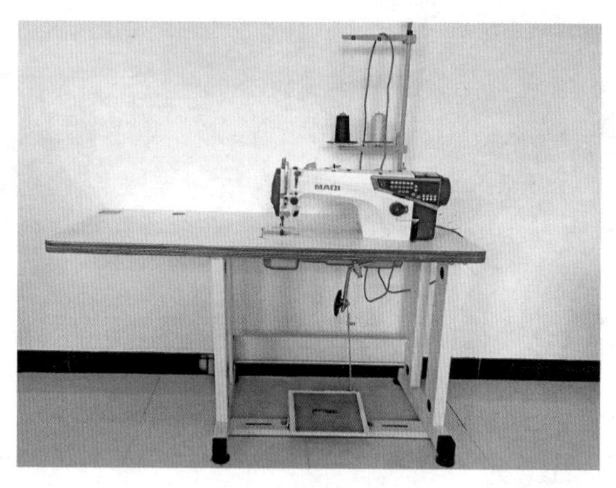

平缝机

平缝机的基本操作

（1）使用开关

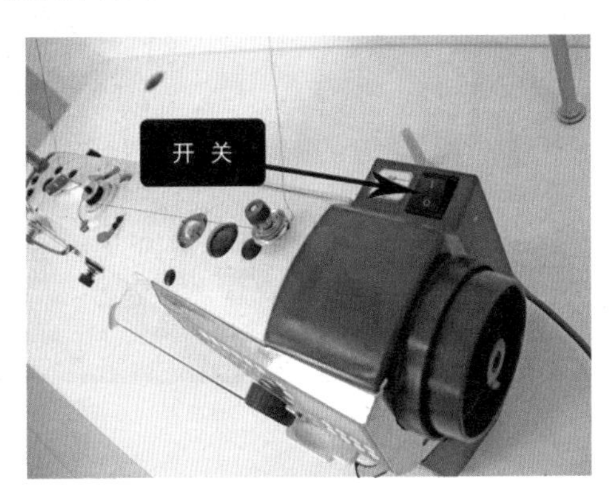

开关

（2）选择并安装机针

根据缝料的厚度和质地选择机针，缝料越厚越硬，机针越粗；缝料越薄越软，机针越细。在安装前，要检查机针型号是否合适，针尖是否有毛刺、秃钝，机针是否弯曲等。

机针

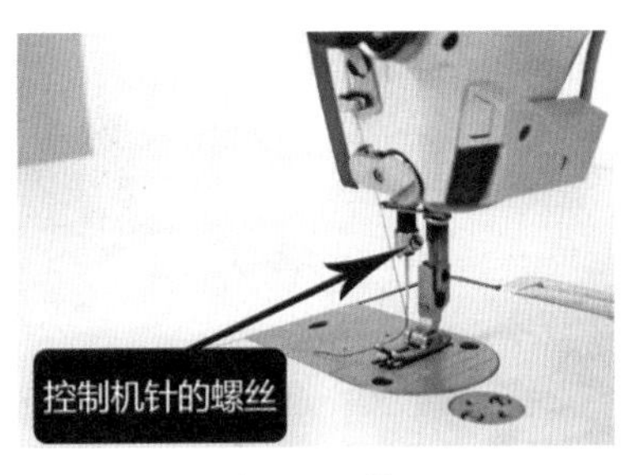

机针安装

（3）选择缝纫线

缝纫线

（4）梭芯绕线

穿线后，按下满线度调节器，抬起压脚，拆下穿过针的线，踩下踏板直至满线器弹起。

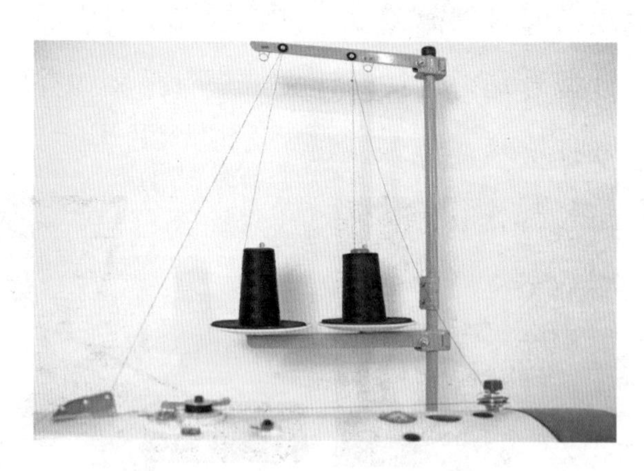

梭芯绕线

（5）梭芯、梭壳套装

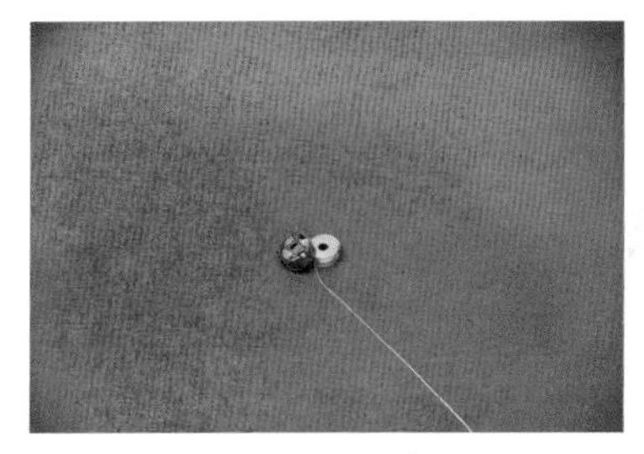

梭芯、梭壳

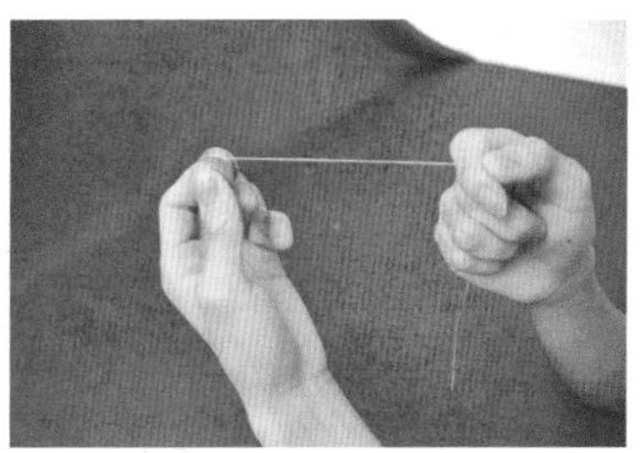

套装步骤一

套装步骤二

效果展示

（6）梭芯、梭壳安装

把梭心的出线与梭壳同方向装入套中，引出 6～10 厘米的线头，再装入旋梭中，并关紧梭门盖。

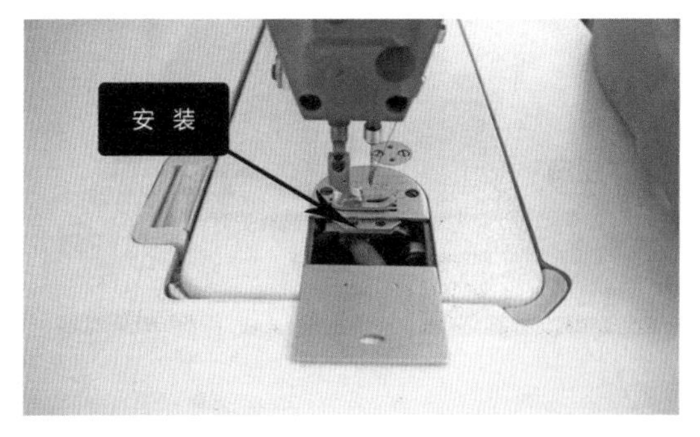

梭芯、梭壳安装

（7）穿线

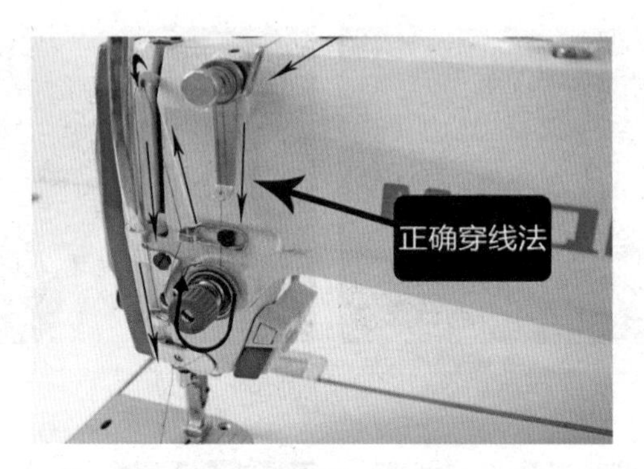

穿线

（8）抬压脚

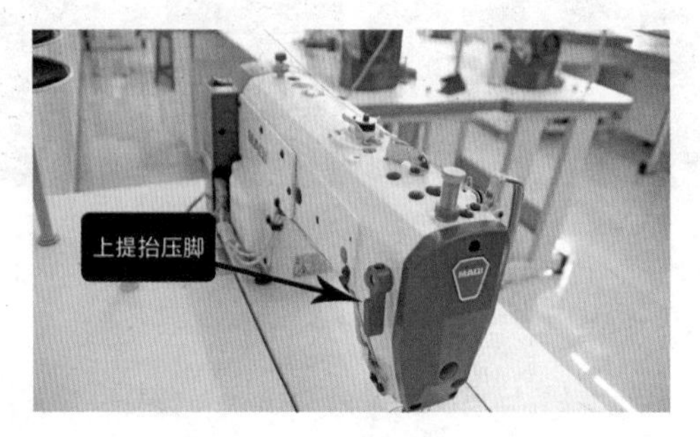

上提抬压脚

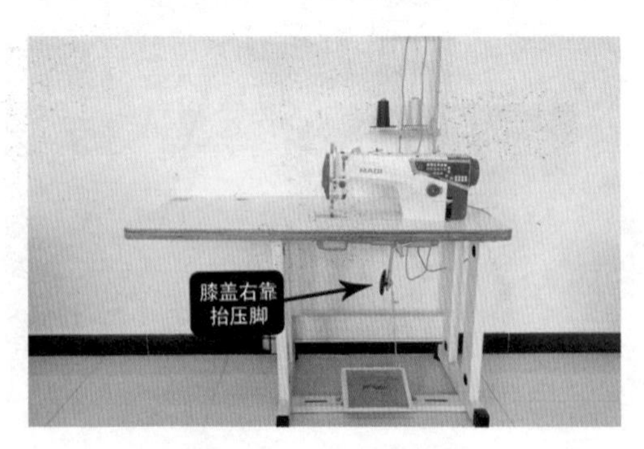

膝盖右靠抬压脚

（9）压脚压力调节

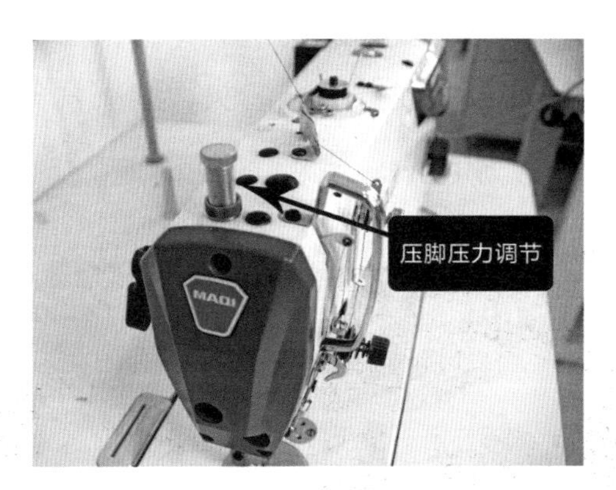

压脚压力调节

（10）自动断线

将自动断线设置好后，每次踩完踏板完成缝制，脚跟用力向后踩就能完成剪线。

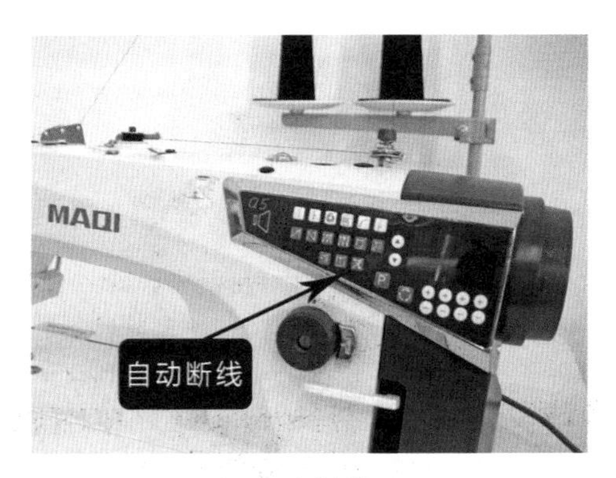

自动断线

（11）自动加固和手动加固

自动加固设置好后，每次起头和结束都会自动倒针加固。取消自动加固设置后，起头和结束就需要手动按下按钮才能倒针加固。

自动加固

手动加固

（12）控制踏板

向前踩踏板可使机器运作，向后踩踏板可使机器断线。

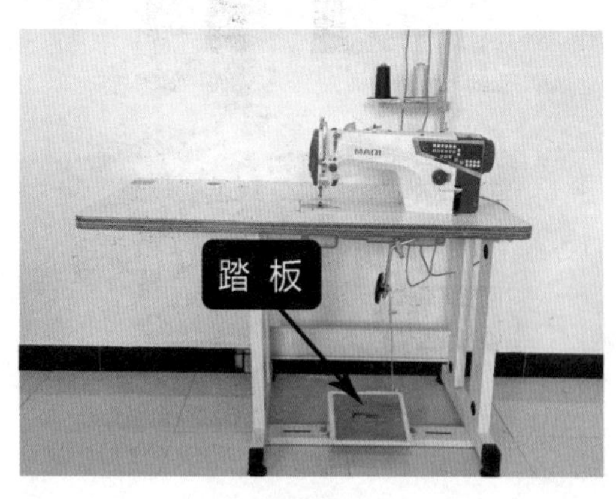

踏板

包缝机

1. 包缝机

包缝机是用于切齐、缝合缝料边缘，防止缝料边缘脱散的缝纫机，结构紧凑，零件短小，运动时惯性小，适合高速运作。与平缝机相比，包缝机在缝制过程中不需要更换梭芯，工作效率更高。

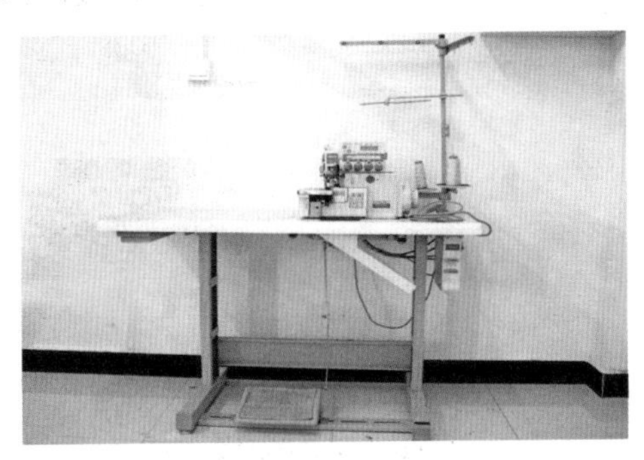

包缝机

包缝机的基本操作

（1）使用开关

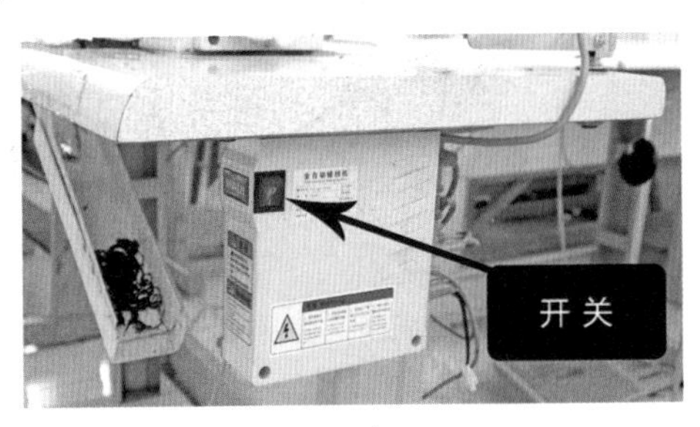

开关

（2）安装机针前准备

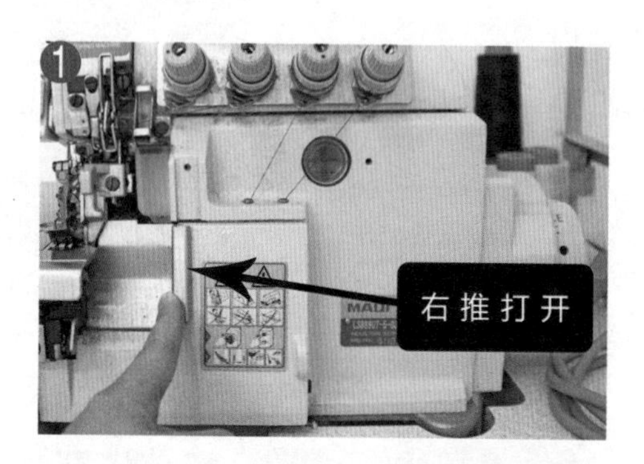

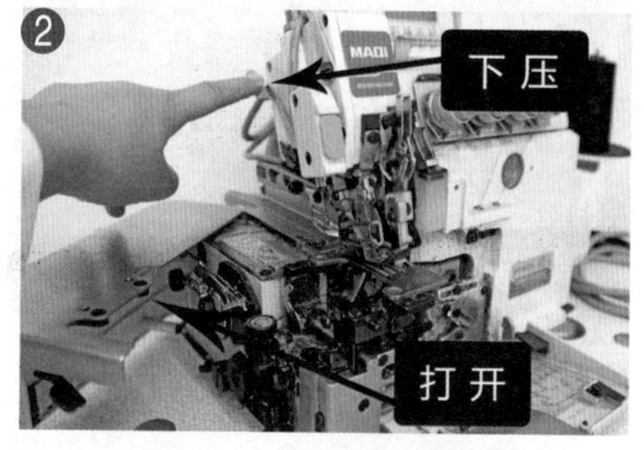

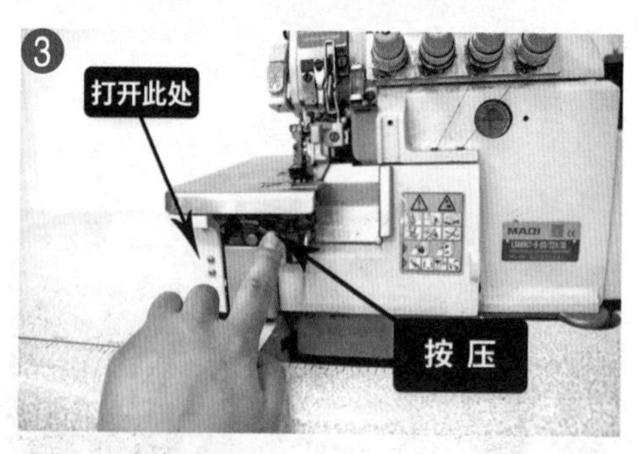

安装机针前准备

（3）安装机针

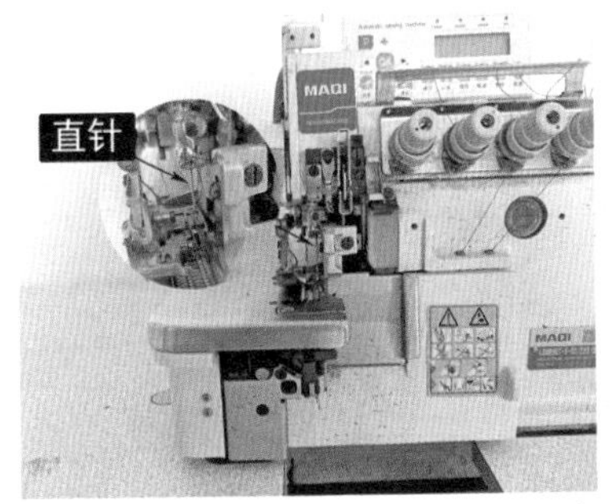

直针安装

弯针安装

（4）穿线

①缝针线一的穿法：过压线板后，由绿点指引到大弯针。

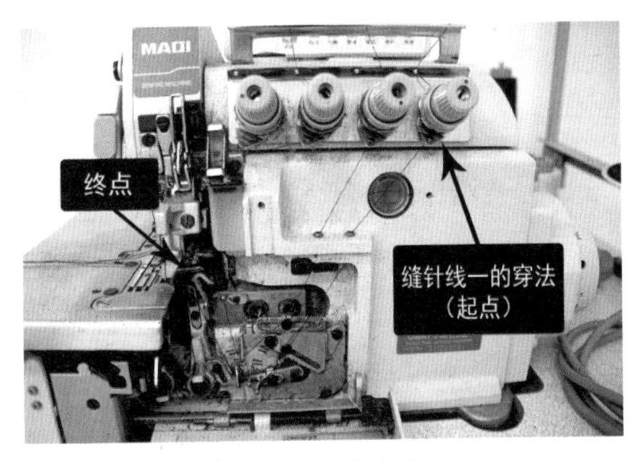

缝针线一的穿法

②缝针线二的穿法：过压线板后，由蓝点指引到小弯针。

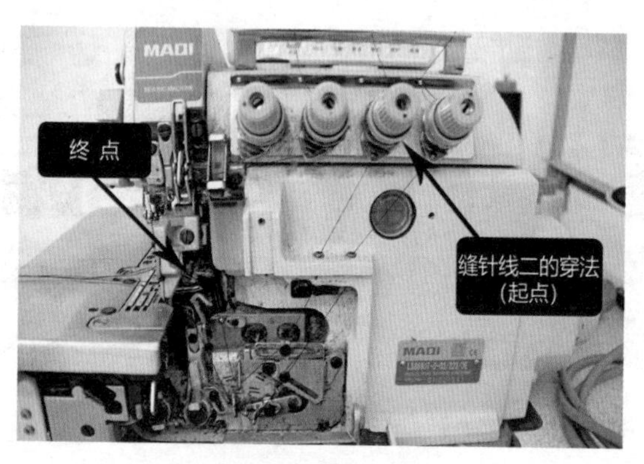

缝针线二的穿法

③缝针线三的穿法：过压线板后，由黄点指引到直针。

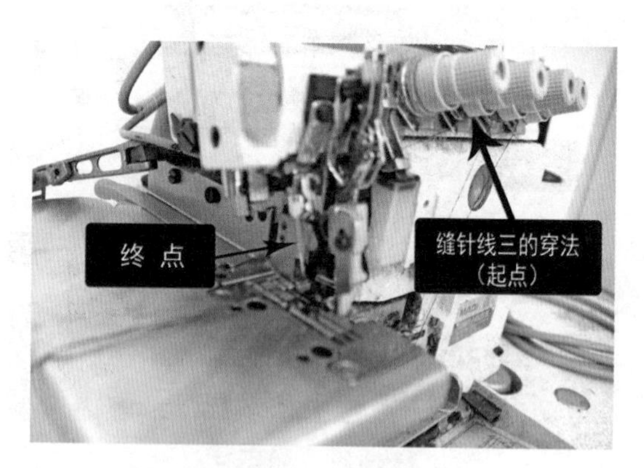

缝针线三的穿法

④每台机器上都有穿线示意图，可以用来参照穿线。此外，每条线经过的点颜色都要相同。

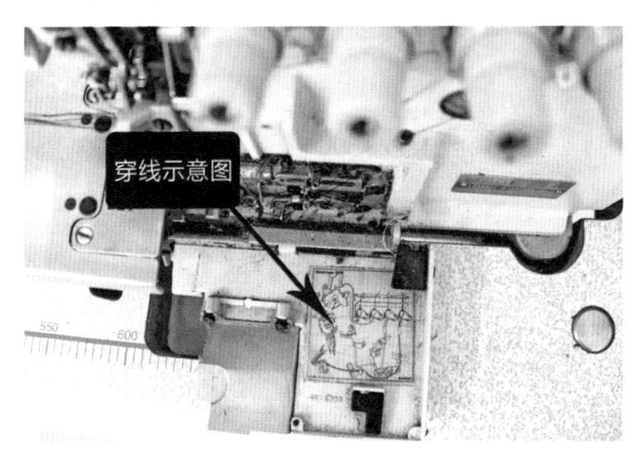

穿线示意图

（5）压脚压力调节

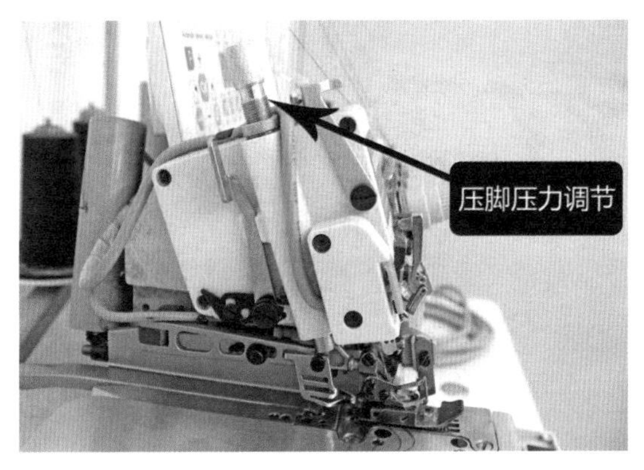

压脚压力调节

（6）针距调节

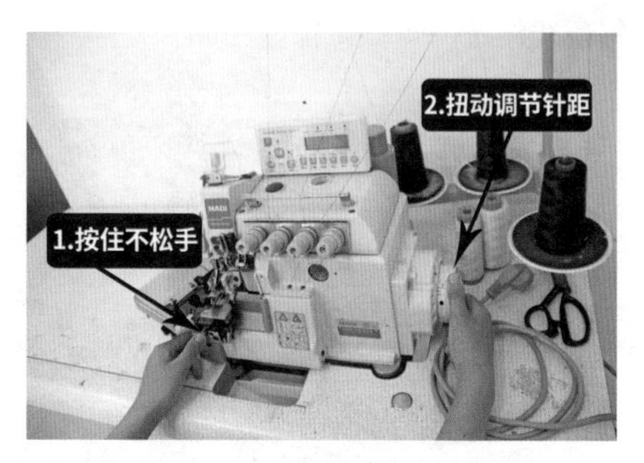

针距调节

（7）切边刀片

切边刀片

（8）控制踏板

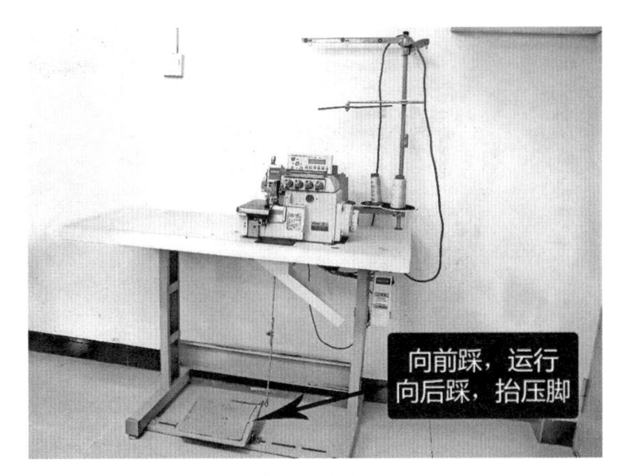

控制踏板

缝纫设备线迹故障调试

（1）调整线的松紧度

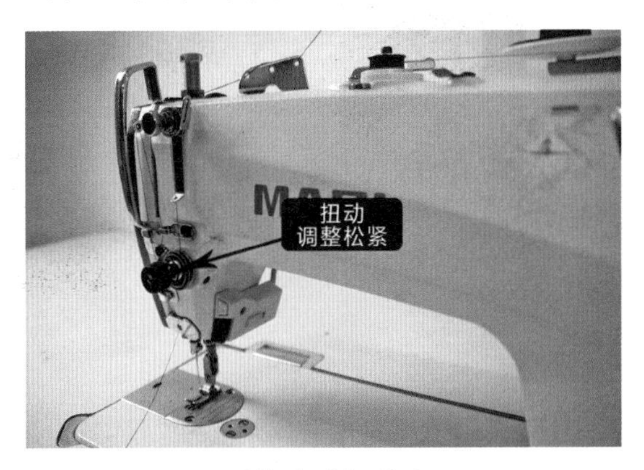

调整线的松紧度

（2）调整线尾长短

调整线尾长短

（3）调整底线张力

调整底线张力

（4）检查弹簧弹力

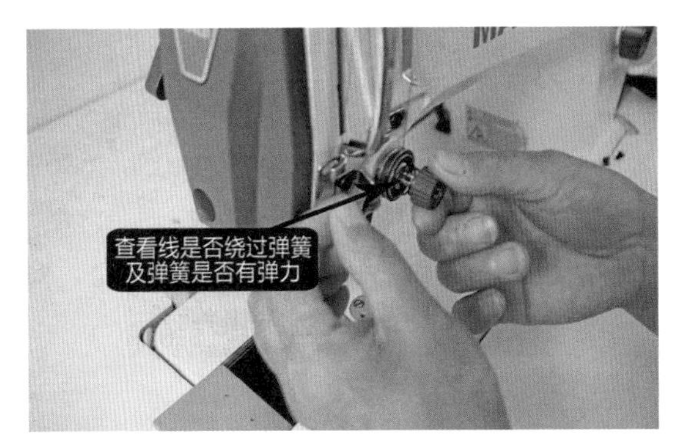

检查弹簧弹力

（5）检查钩针与机针的间隙

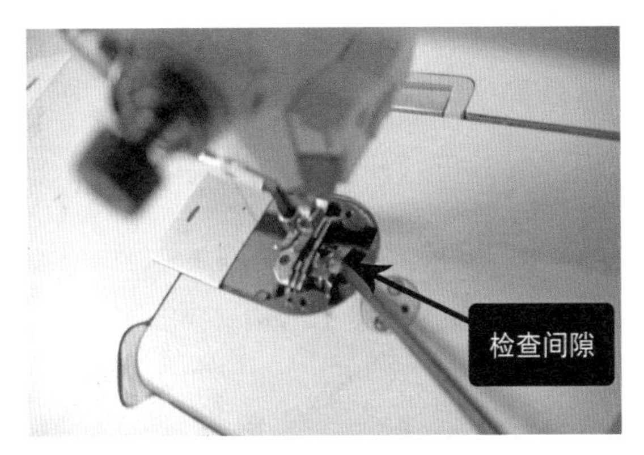

检查钩针与机针的间隙

(6) 检查针是否上反

检查针是否上反

缝纫设备的保养

(1) 保持润滑

需要保养时，可打开润滑油加入口，滴入润滑油。

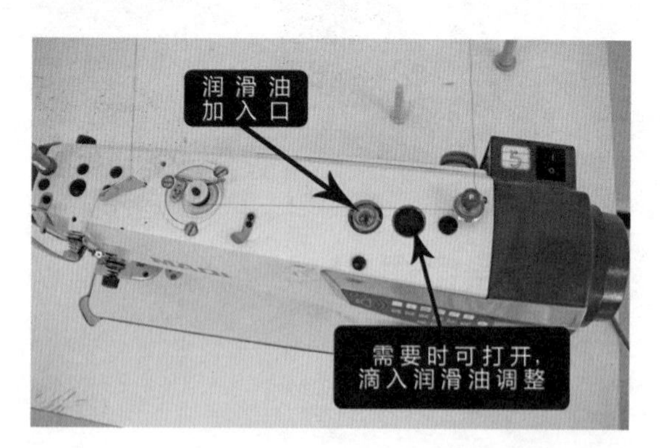

润滑油加入口

（2）保持整洁

保持梭壳周围和底部整洁。

保持整洁

（3）旋梭轴缠线

旋梭轴缠线的主要原因是未上梭壳或上不到位。

检查梭壳

（4）使用垫布

使用结束后，在压脚底下放上不用的布片，可保护压脚和送布牙。

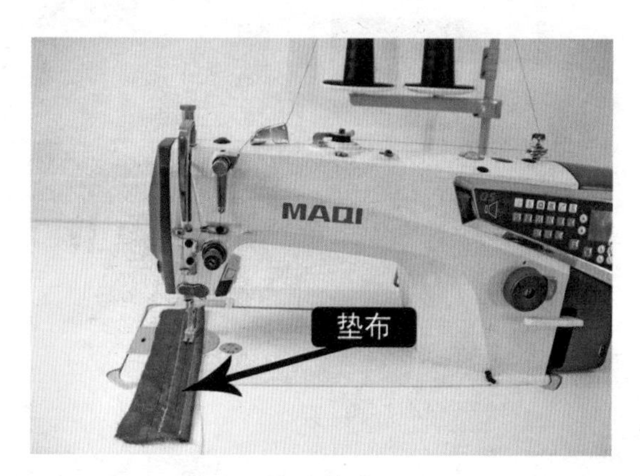

使用垫布

（5）针距调节

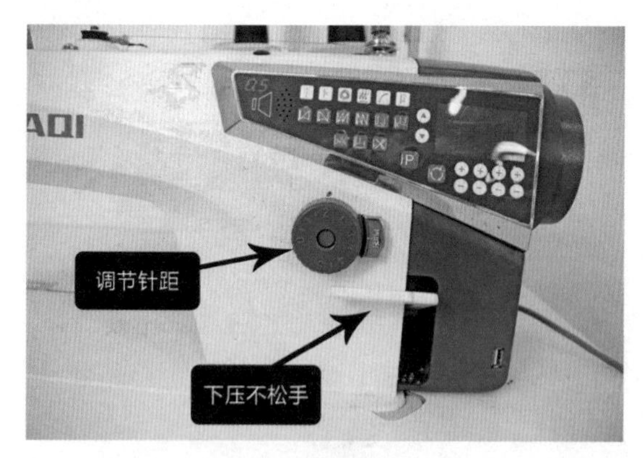

针距调节

二、熨烫设备常识

俗话说，“三分做，七分烫”。在服装制作过程中，熨烫是不可缺少的环节。熨烫效果的好坏不仅受熨烫者熨烫技术的影响，还与选择的熨烫工具紧密相关。如果遇到易褶皱的毛织物，就更加考验我们所使用的熨烫设备。

认识电熨斗

1. 家用电熨斗

家用电熨斗是家庭熨烫服装的主要工具，功率300～500瓦不等。家用电熨斗结构简单、易拆易修，但升温和冷却较慢，使用时只能凭借经验控温，需要经常插、拔电源插头，一旦忘记拔电源插头，就会因熨斗过热而烧坏手柄或烫焦衣物，甚至引起火灾。

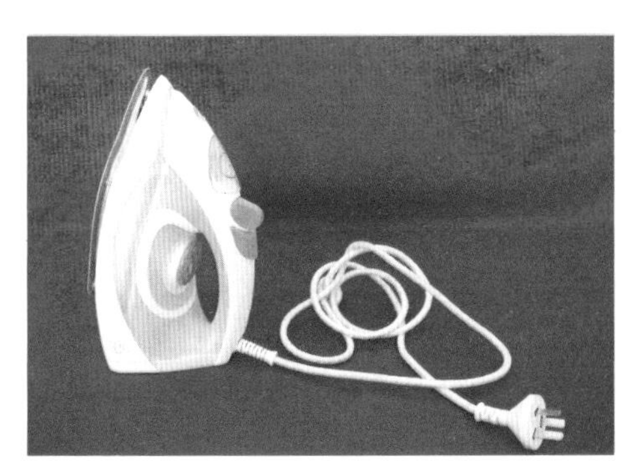

家用电熨斗

2. 吊瓶电熨斗

吊瓶电熨斗是服装行业熨烫服装的主要工具，功率500～1500瓦不等。吊瓶电熨斗不仅可以自动控温，还能喷出水雾和蒸汽来湿润衣物，具有良好的熨烫效果。吊瓶电熨斗的吊瓶储水容量大，在熨烫过程中可减少加水次数，从而提高工作效率。

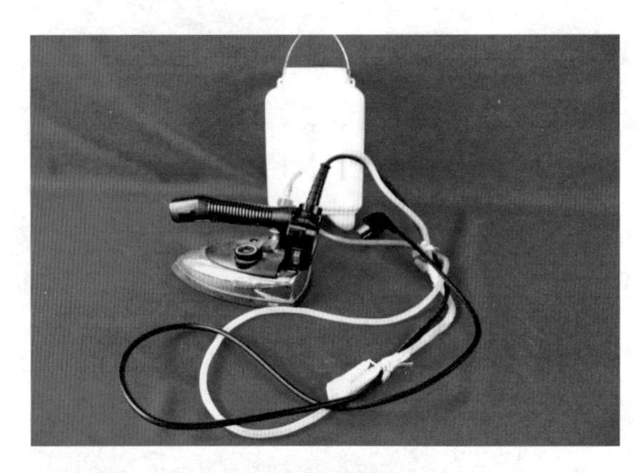

吊瓶电熨斗

电熨斗的基本操作

家用电熨斗的基本操作：

（1）开关、温度调节

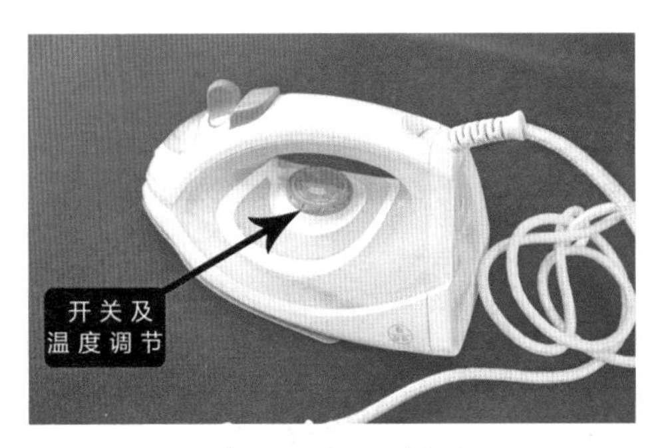

开关、温度调节按钮

（2）加水

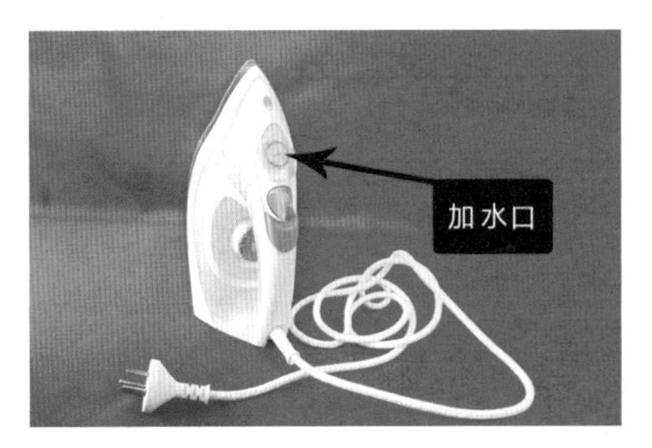

加水口

（3）喷水、喷气

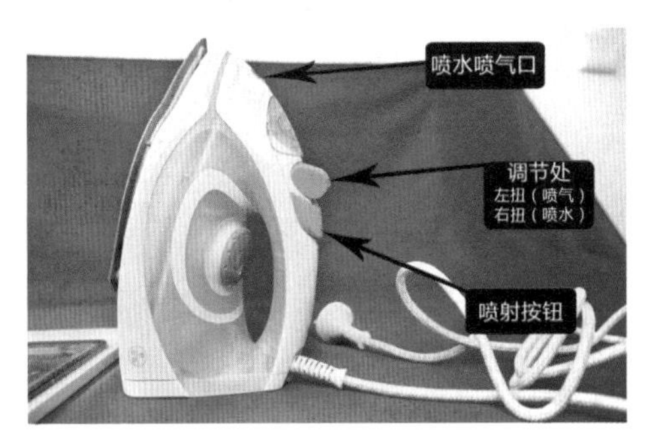

喷水、喷气按钮

（4）摆放在铁盘上

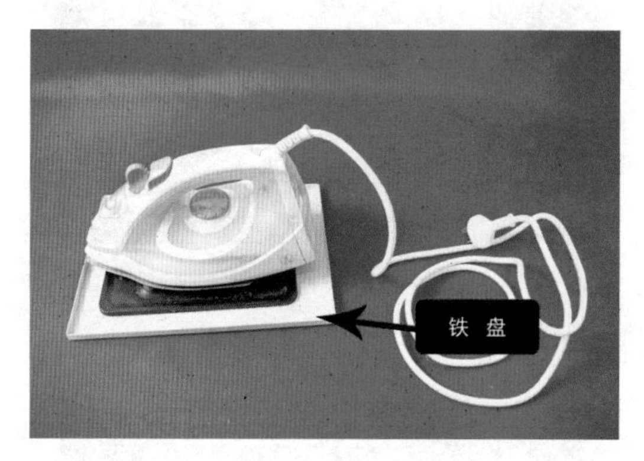

电熨斗放在铁盘上

吊瓶电熨斗的基本操作：

（1）开关

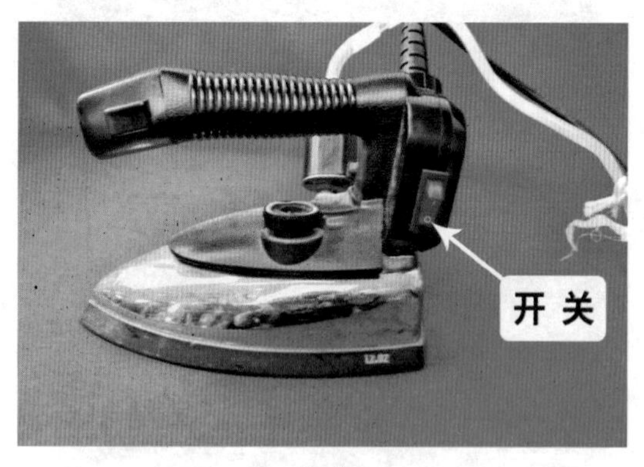

开关

（2）温度调节

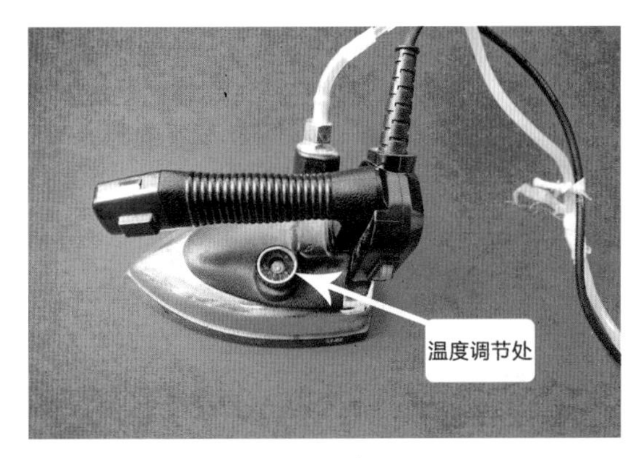

温度调节处

（3）加水

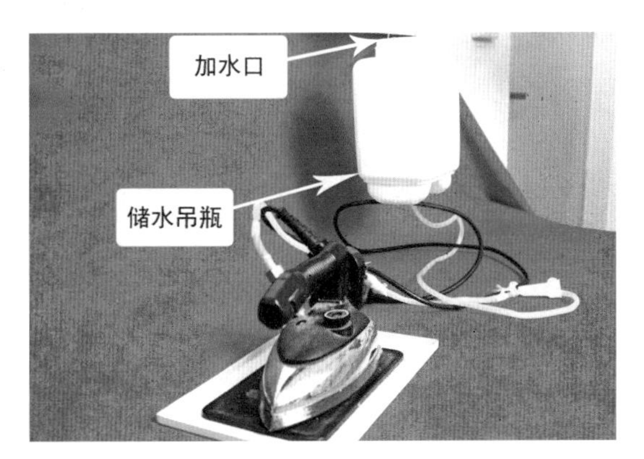

加水口

（4）喷水、喷气

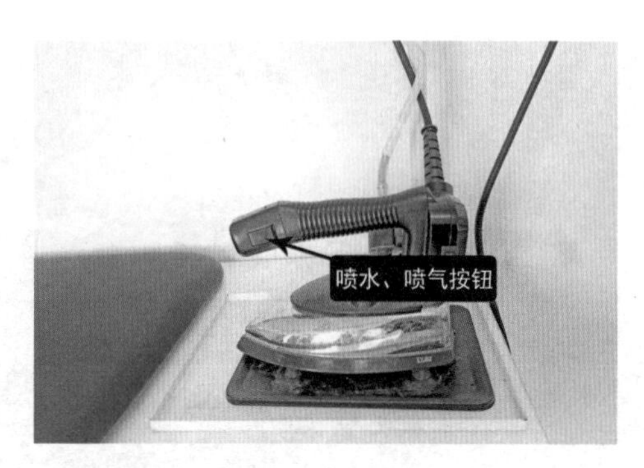

喷水、喷气按钮

（5）摆放在铁盘上

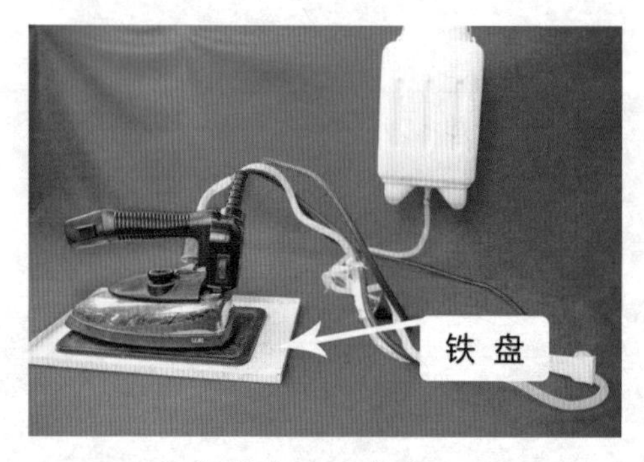

电熨斗放在铁盘上

认识熨烫工作台

熨烫工作台具有结构坚固、台面受吸力均匀等特点，是一种理想的熨烫定型设备。

1. 吸风熨烫工作台

吸风熨烫工作台吸力强劲、噪声低、运转平稳，多与蒸汽发生器、蒸汽熨斗配套使用，是蒸汽熨烫作业必不可少的专业设备。

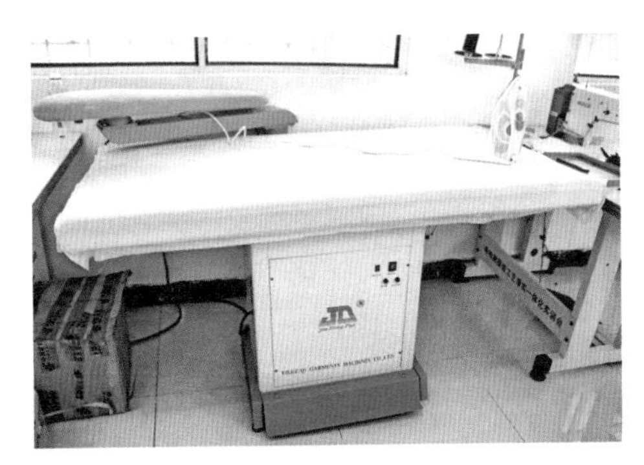

吸风熨烫工作台

吸风熨烫工作台的操作部位：

（1）开关

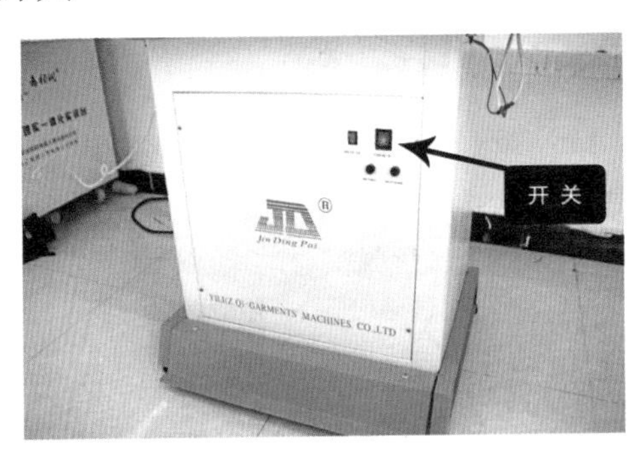

开关

（2）踏板

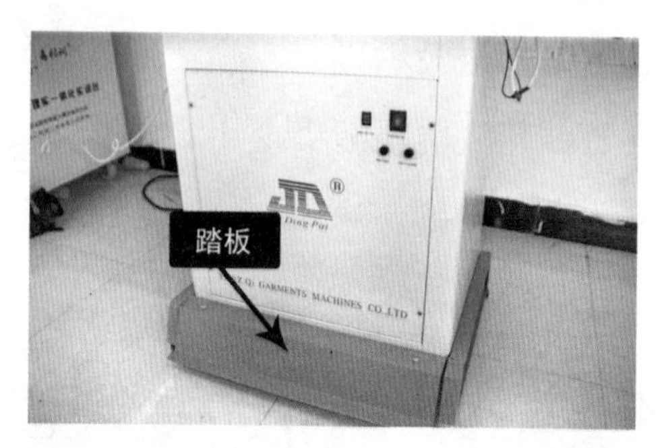

踏板

（3）铁盘

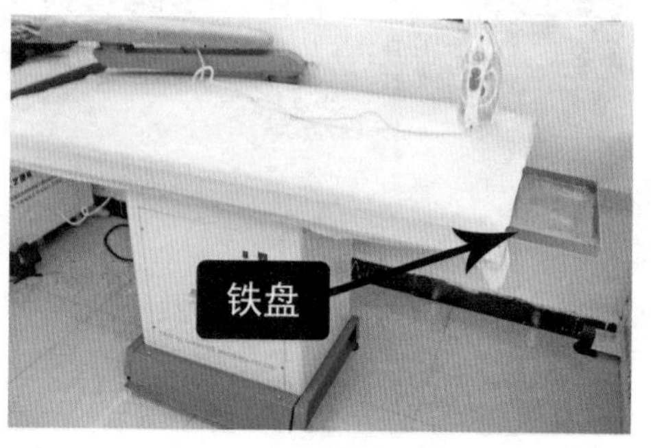

铁盘

（4）烫枕

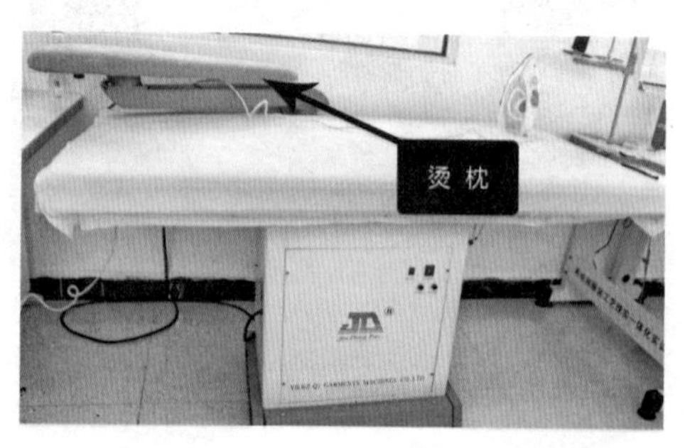

烫枕

2. 普通熨烫工作台

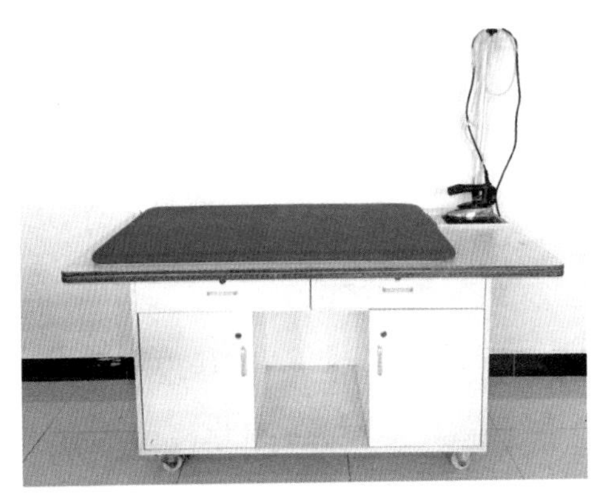

普通熨烫工作台

电熨斗的保养及安全使用

1. 电熨斗的保养

若能对电熨斗进行正确使用和保养，可延长其使用寿命。

▸ 使用时应轻拿轻放，以免电热元件、调温元件受震损坏，或使紧固件松动、碰伤熨斗表面。使用后应拔掉插头，竖立放置，待其自然冷却后，擦净表面并存放在干燥处，防止受潮。

▸ 熨烫化纤织品时，温度不能过高，防止织物焦化在底板上烧结，形成麻面。此外，要注意保持底板光洁，不使其与硬物直接接触，以免影响使用效果。

▶ 在使用插接式电熨斗时，要把熨斗上的插柱与插座插牢，以免烧坏插接铜件。如有松动或接触不良，应及时进行修理。在熨烫过程中，应避免电源线打结、硬折，防止断线或损伤绝缘表皮。

▶ 使用非调温电熨斗时，可在低温条件下开通电源熨烫。在熨烫中，双手要熟练配合，时间不能太长，以免熨斗温度迅速升高。在开通电源熨烫时，要时刻观察熨烫效果和面料变化。若温度过高，应立即切断电源，待温度不够时再接通电源。

▶ 有调温装置的电熨斗，使用前应先将调温按钮旋转到所需温度，使用后将调温旋钮转至“冷”的位置，再切断电源，并竖立放置，待自然冷却后再收起来。在给电熨斗加水时，最好使用净化水，防止滴水孔被堵，使用后应将水全部倒出，并通一会电使其干燥。

2. 电熨斗防火安全

电熨熨斗是一种电热设备，如果使用不慎，容易引起火灾。为防止电熨斗引发火灾，应采取以下安全措施：

▶ 检查新买的电熨斗质量是否合格，不使用无质量保证的产品，防止接线不当或短路而产生高温，烧毁电线。

▶ 要根据电线的粗细和安全电流负荷，控制电熨斗的使用数量，防止数量过多、电线超负荷而发热燃烧。

▶ 熨烫期间，要将电熨斗竖立放置或放在专用位置，不能随意放置，严禁放在易燃物品上。

▶ 禁止在同一插座上同时使用电熨斗和其他大功率电器，或在同一插座上同时使用几个电熨斗，防止线路过载，烧坏电线。

▶ 电熨斗不能长时间通电，以免过热烫坏衣物或燃烧。不同织物的熨烫温度不同，在熨烫各类织物时宜选用调温型电熨斗。

▶ 刚断电的电熨斗不能随意放置，要将其竖立放置，完全冷却后再收起来。在服装行业中，应有专人统一管理电熨斗。

·2·

缝纫操作

第一节　手缝工艺基础

※ 学习目标

- 认识常见的手缝工具和手缝针法。
- 掌握基本的手缝技巧和缝制工艺。
- 能够运用平缝工艺制作简单的服装零部件。

※ 学习重点

- 掌握基本的手缝针法。

一、手缝工具的认识

手缝针

手缝针有 10 多种型号，可根据面料结构的厚薄及所用缝纫线的粗细来选择针的种类。常规面料选择 6 号针，轻薄面料则用 9 号针，型号越小，针就越粗，尾孔也越大。

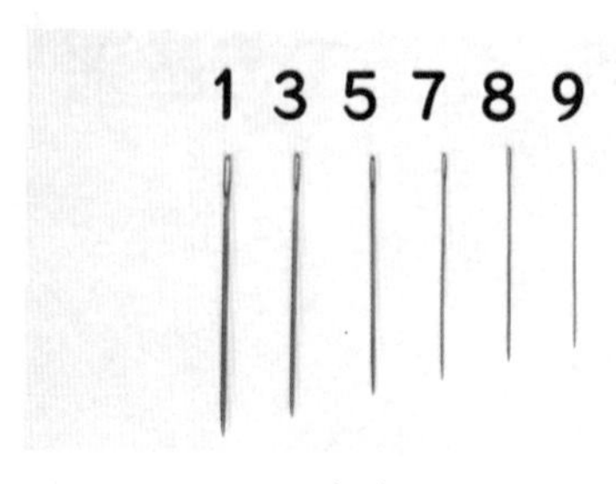

手缝针型号

缝纫线

缝纫线有棉线、丝线、涤纶线等多种类型。在制作服装时，一般选择与针型号大小相匹配，与面料颜色、质地、性能、工艺需求相一致的线。

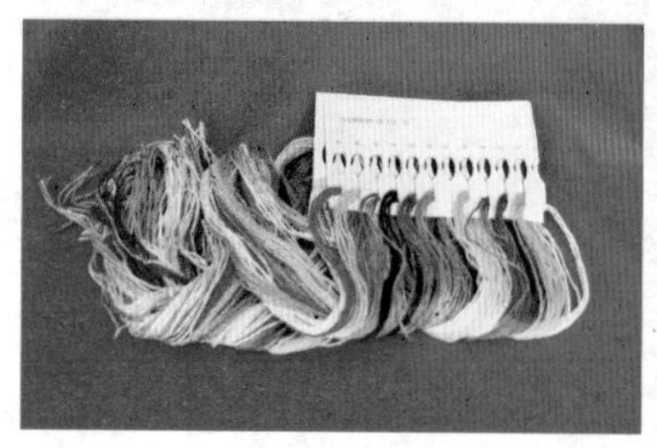

棉线

丝线

涤纶线

剪刀

大剪刀用于裁剪面料，小剪刀用于修剪线头。剪刀的选用标准是刀刃锋利、刀头尖锐，因为钝的刀刃会损坏织物，降低裁剪效率。

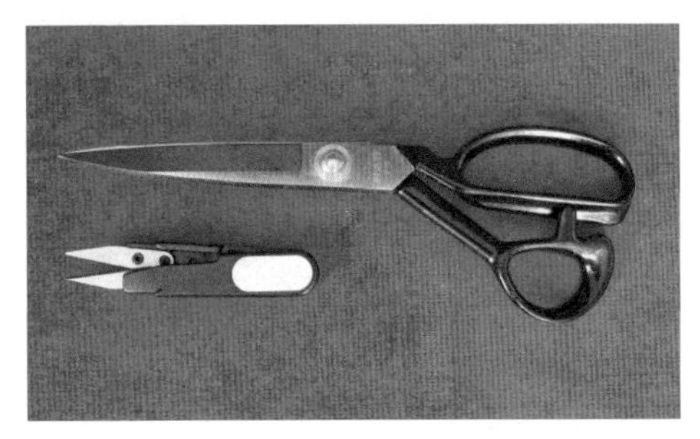

剪刀

顶针

顶针又称针箍，主要分为铜质顶针、铝质顶针和铁质顶针。顶针上的洞眼起到保护手指的作用，往往比较深，否则缝制厚硬面料时容易打滑。

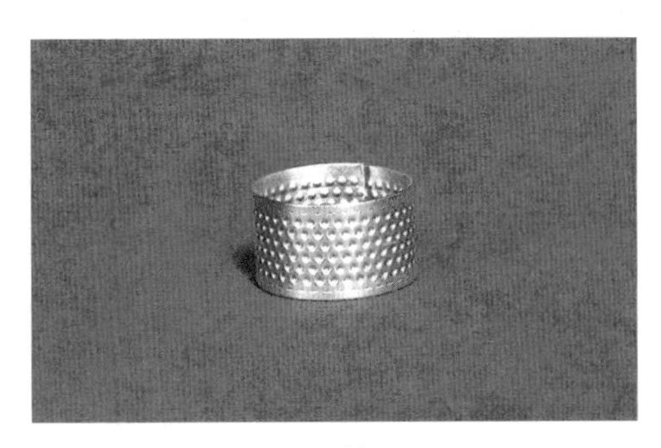

顶针

划粉

划粉主要分为普通划粉和蜡质划粉，其作用是在面料上画线做标记。划粉有多种颜色，在浅色面料上画线时，要选择颜色相近的划粉。

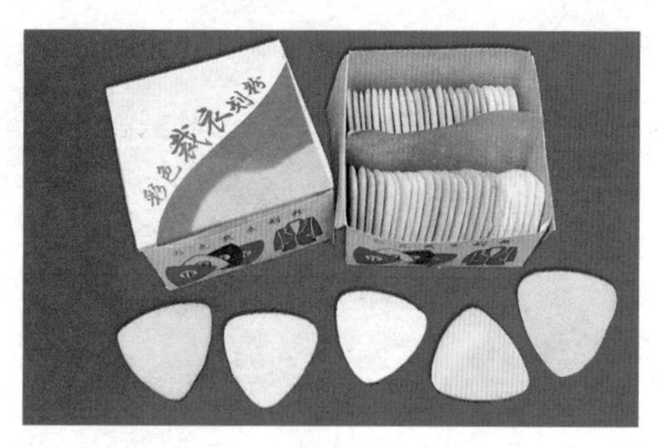

划粉

高温消失笔

高温消失笔是外表和传统的笔相同的书写工具，其作用是面料上书写做标记，书写后的笔迹在与高温接触后会完全消失。

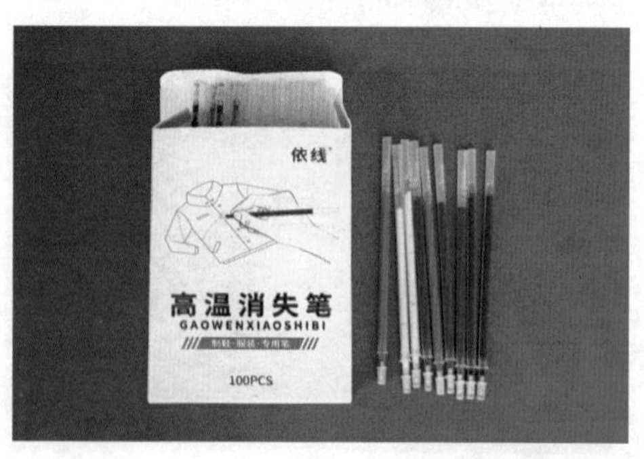

高温消失笔

插针包

在缝制过程中，将不同型号的手缝针有序地插在插针包上，可以方便使用。

插针包

尺子

在服装制作过程中使用的尺子通常是直尺和软尺。直尺主要用于制图与裁剪时进行测量、画线等，软尺主要用于量体和检测服装规格。

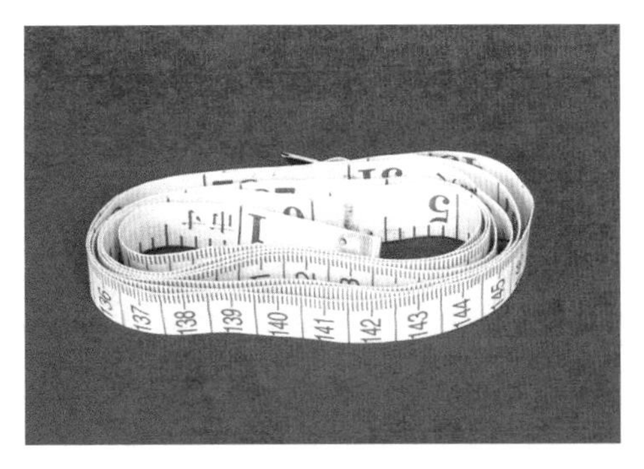

软尺

二、常用的手缝针法

手缝工艺是服装缝制工艺中的主要方法之一，服装的某些部位需要用手缝工艺才能达到最佳效果。常见的手缝针法有：短缝针、长短针、拱针、回针、斜针、纳针、缲针、三角针等。

短缝针

步骤一：准备面料和穿双线的手缝针。

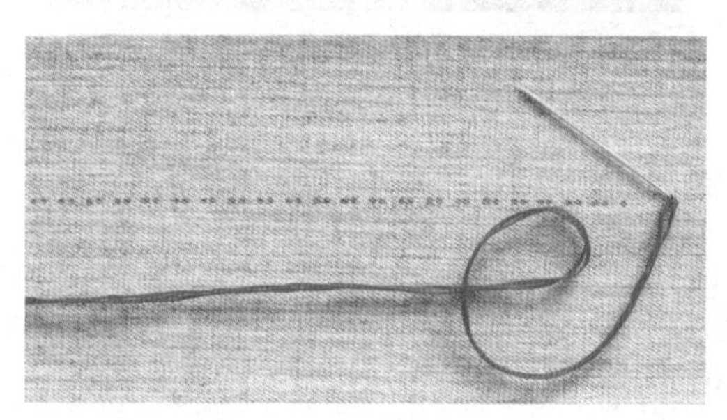

材料准备

步骤二：起针缝制。

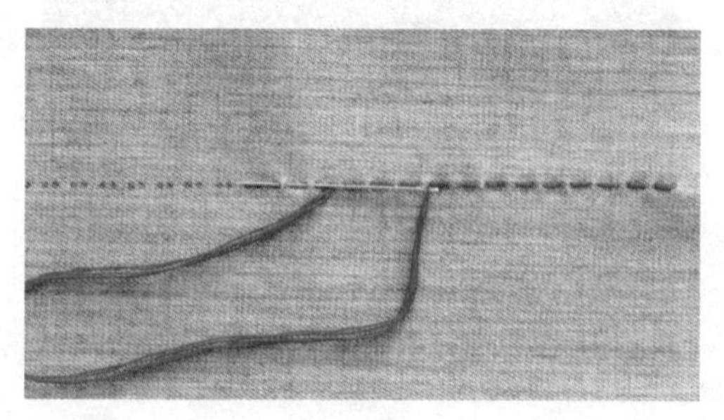

起针缝制

步骤三：缝制结束，呈现出短缝针线迹。

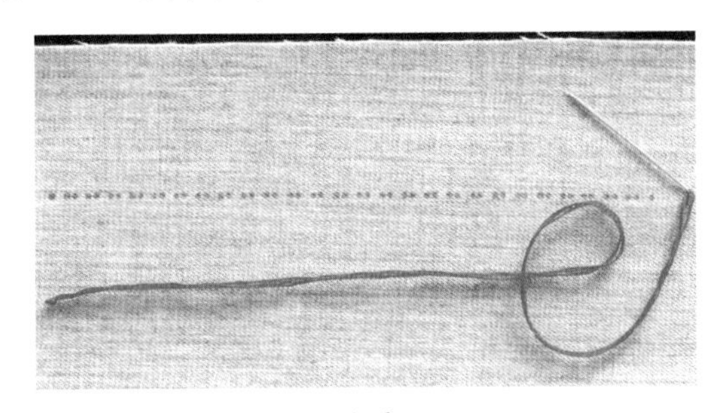

效果展示

长短针

步骤一：准备面料和穿线手缝针。

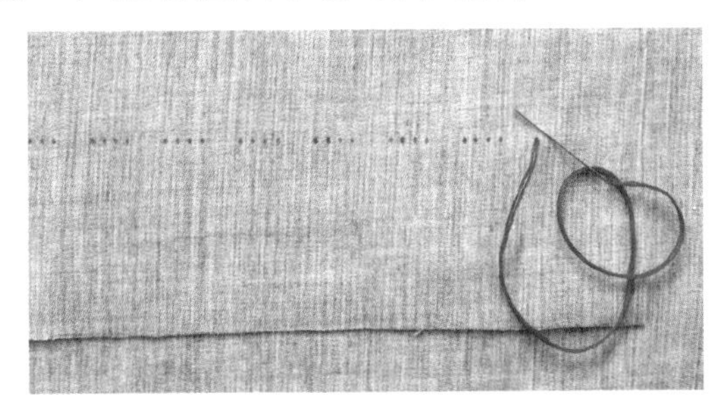

材料准备

步骤二：起针缝制。

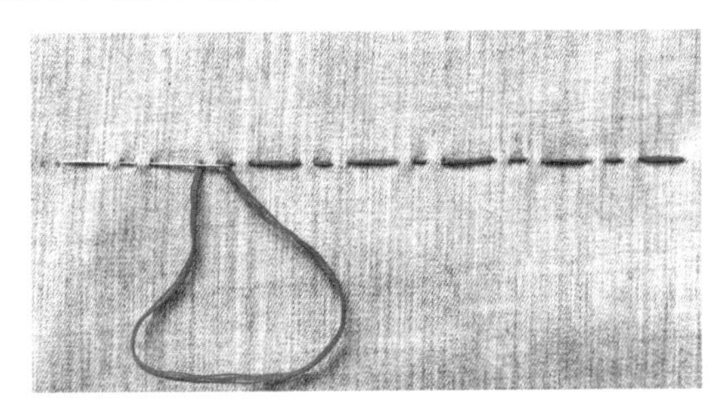

起针缝制

步骤三：缝制结束，呈现出长短针线迹。

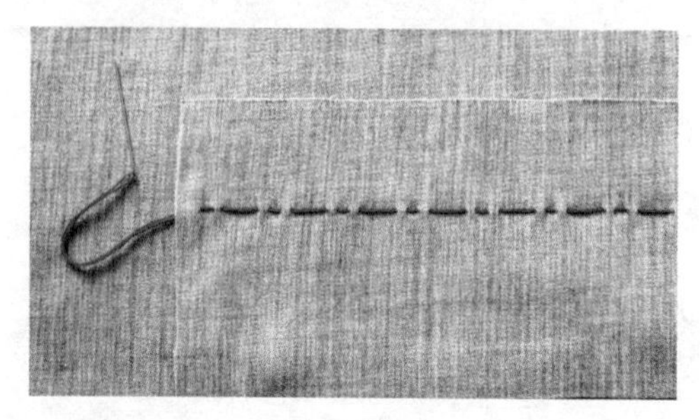

效果展示

拱针

步骤一：准备面料和穿双线的手缝针。

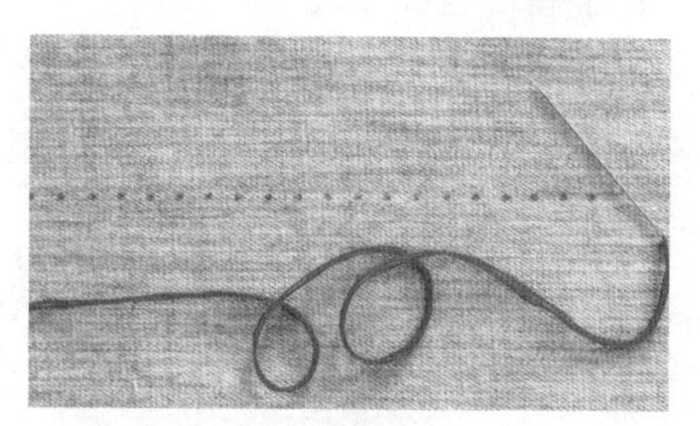

材料准备

步骤二：起针缝制。

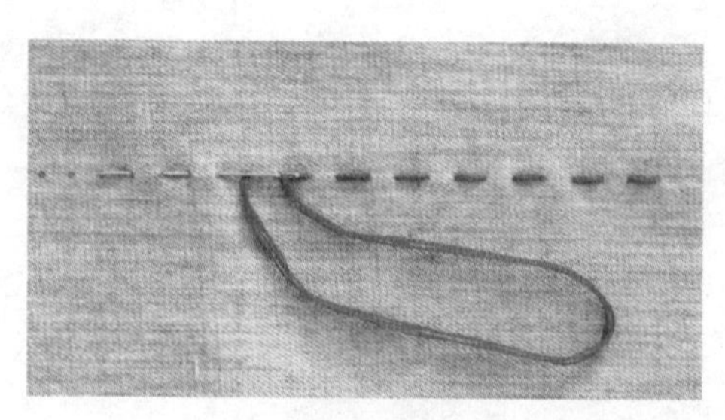

起针缝制

步骤三：缝制结束，呈现出拱针线迹。

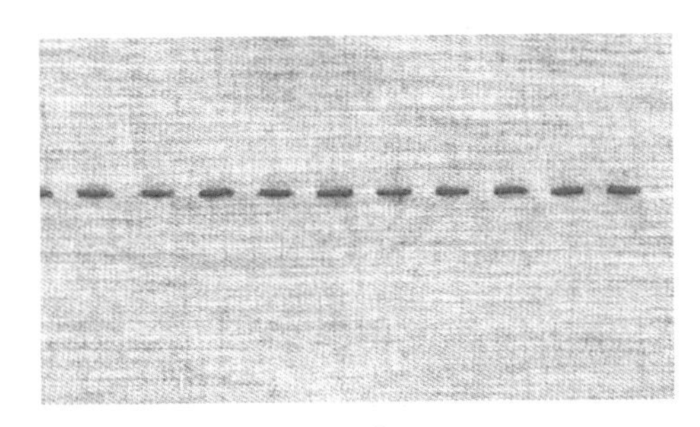

效果展示

回针

步骤一：准备面料和穿线手缝针。

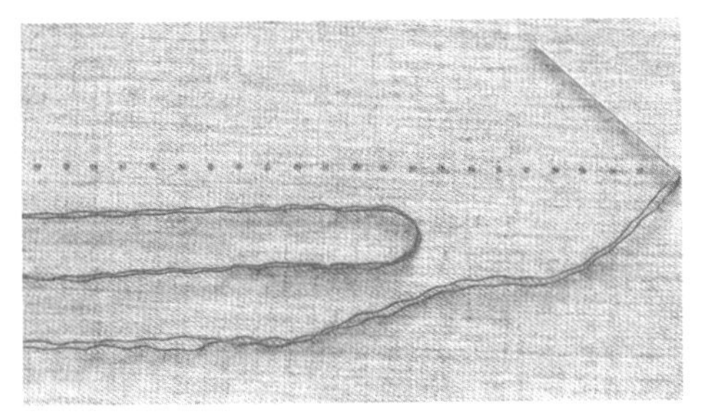

材料准备

步骤二：起针缝制。

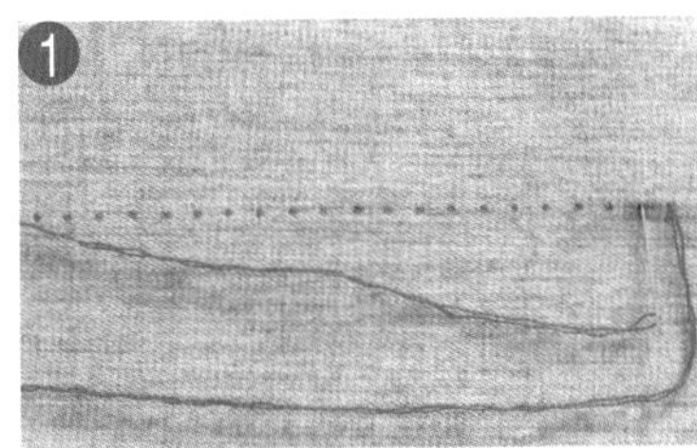

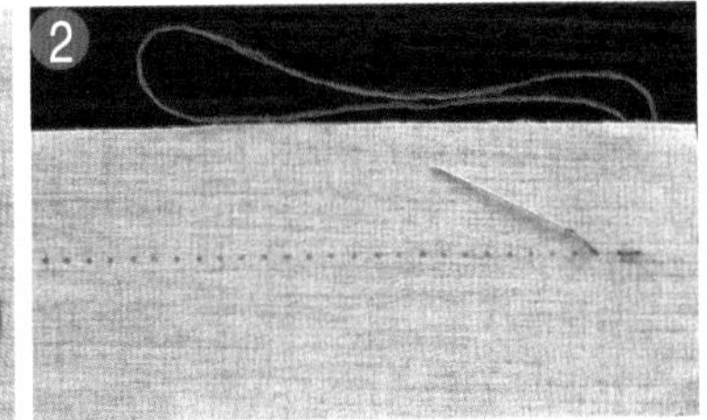

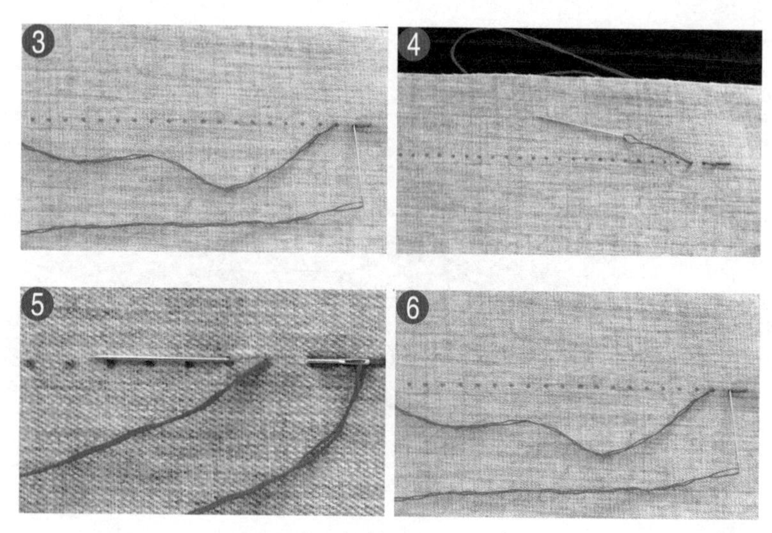

起针缝制

步骤三：缝制结束，呈现出回针线迹。

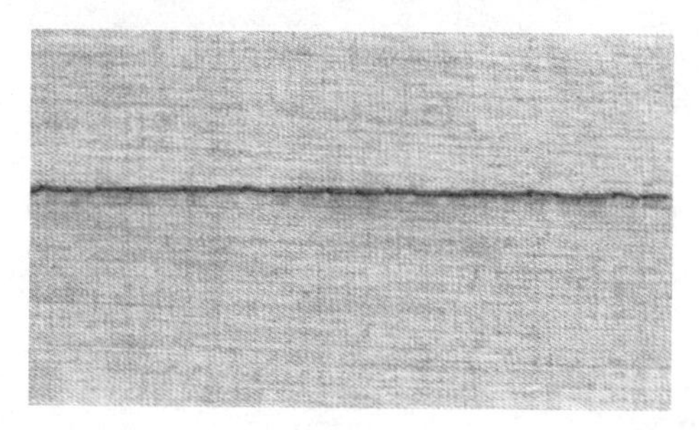

效果展示

斜针

步骤一：准备面料和穿线手缝针。

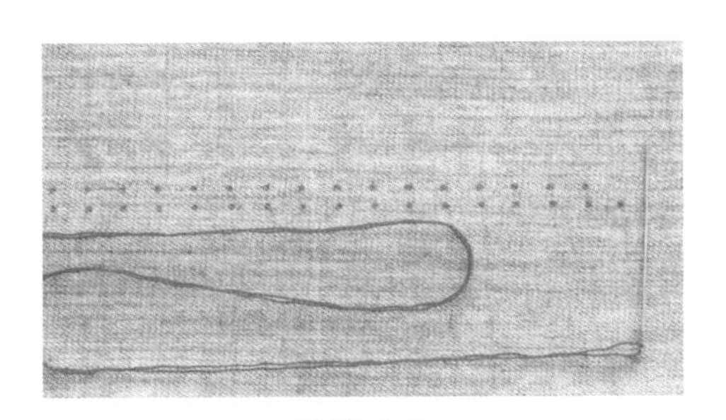

材料准备

步骤二：起针缝制。

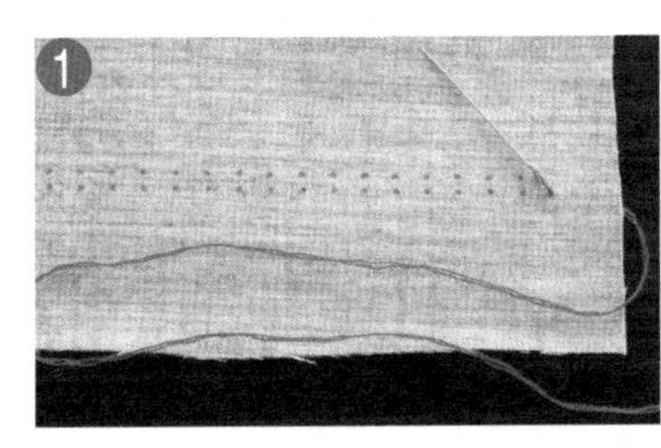

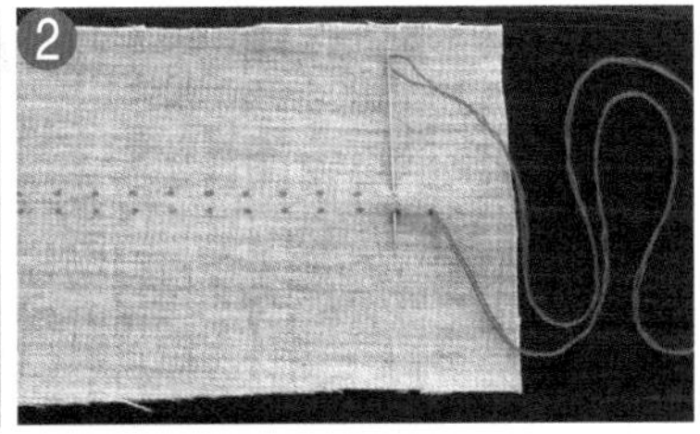

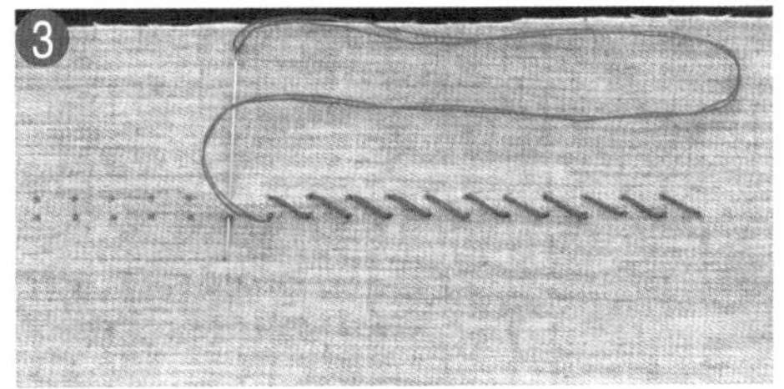

起针缝制

步骤三：缝制结束，呈现出斜针线迹。

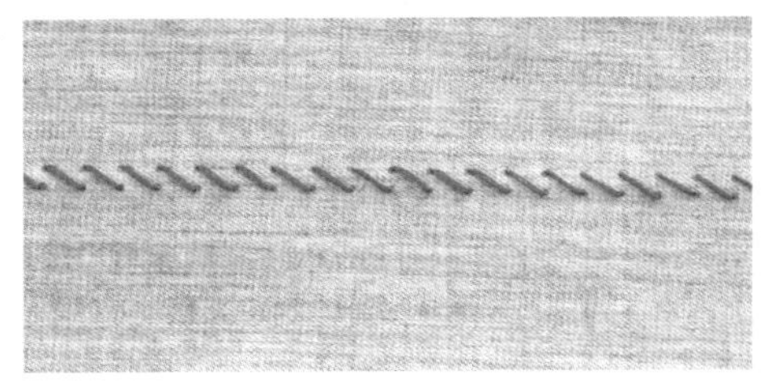

效果展示

纳针

步骤一：准备面料和穿线手缝针。

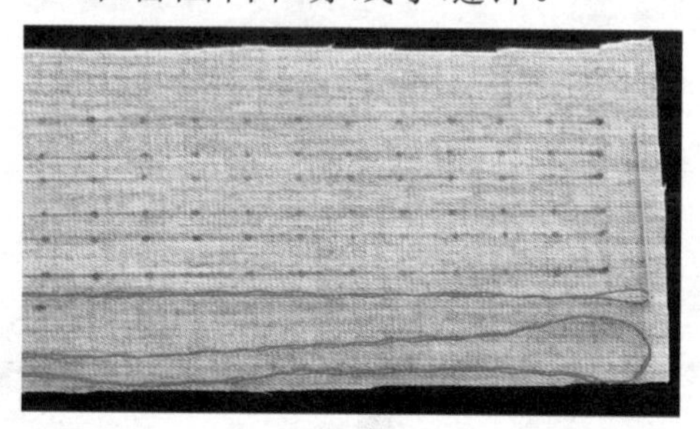

材料准备

步骤二：起针缝制。

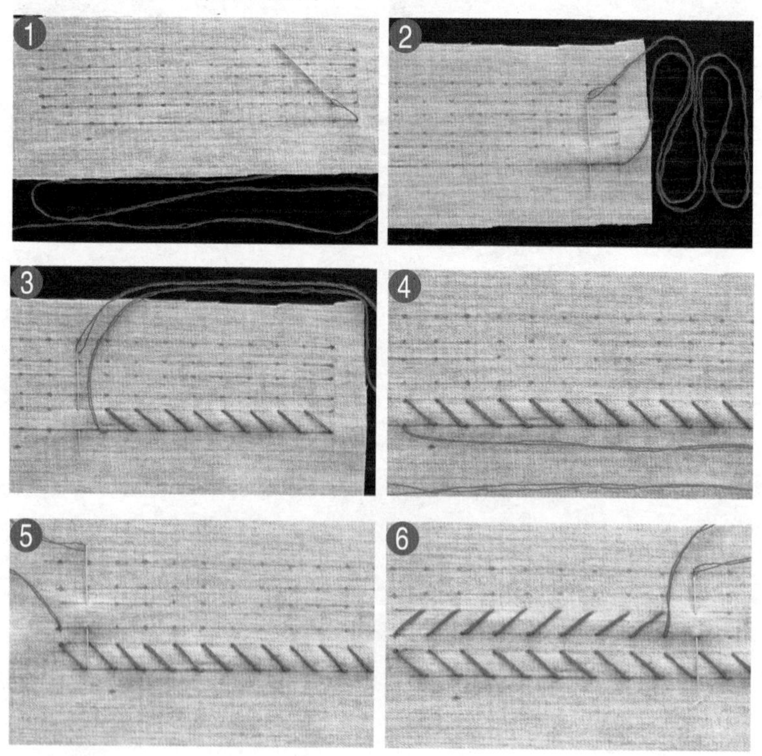

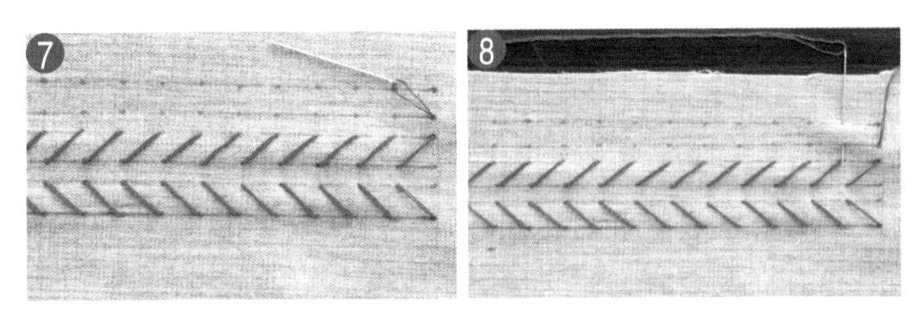

起针缝制

步骤三：缝制结束，呈现出纳针线迹。

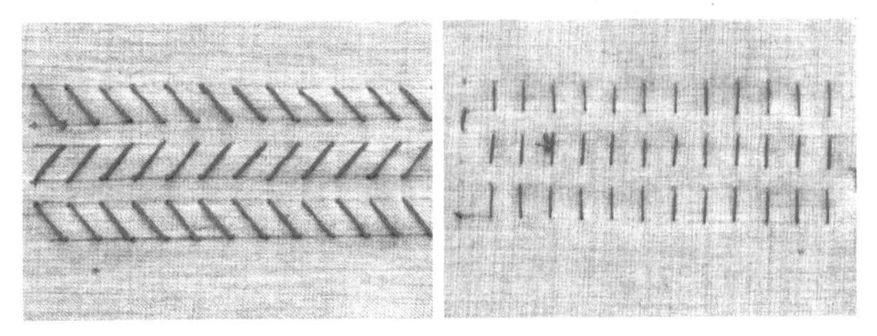

效果展示

缲针

步骤一：准备面料和穿线手缝针。

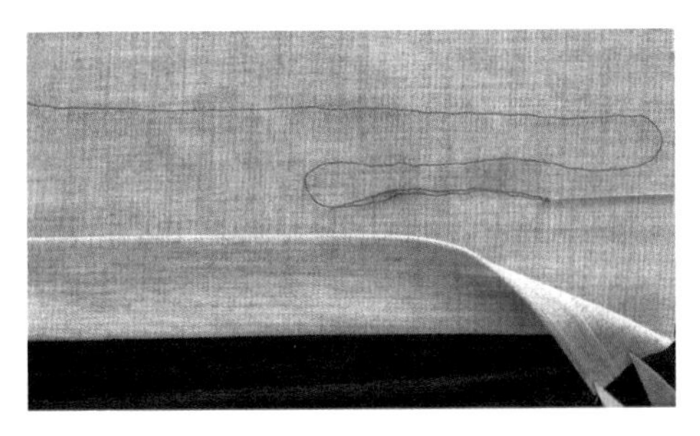

材料准备

步骤二：起针缝制。

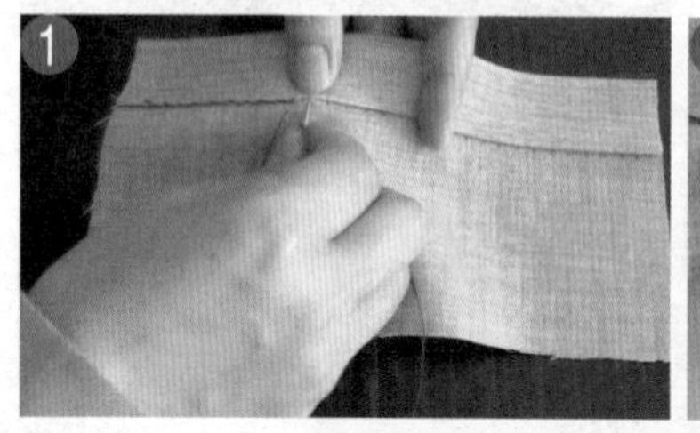

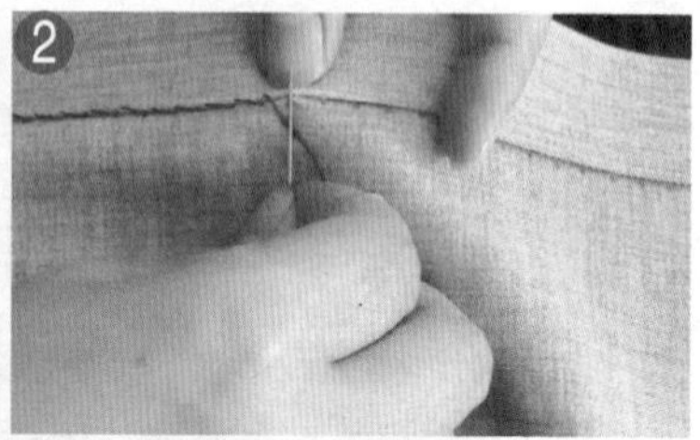

起针缝制

步骤三：缝制结束，呈现出缲针线迹。

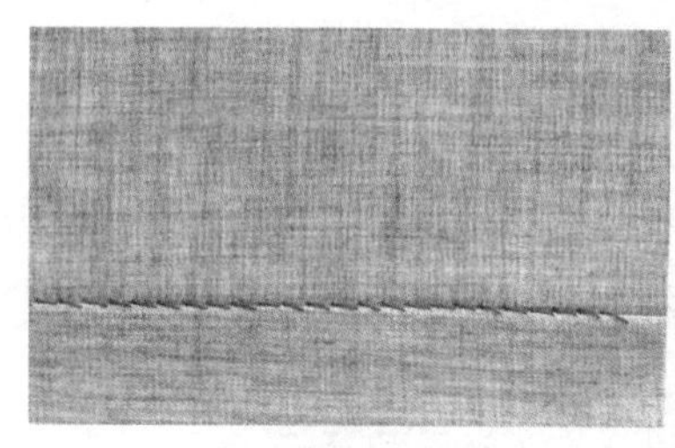

效果展示

三角针

步骤一：准备面料和穿线手缝针。

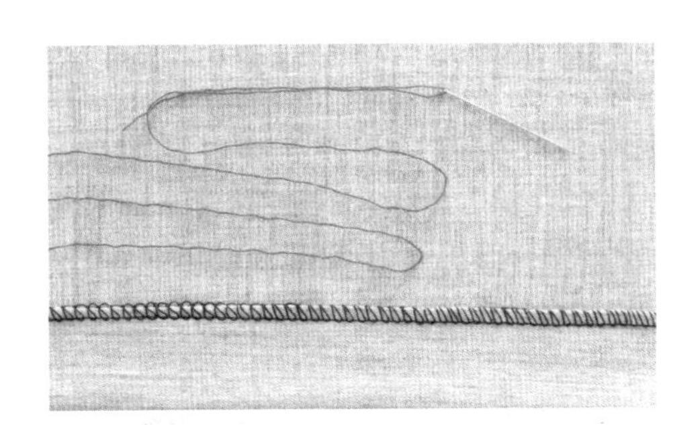

材料准备

步骤二：起针缝制。

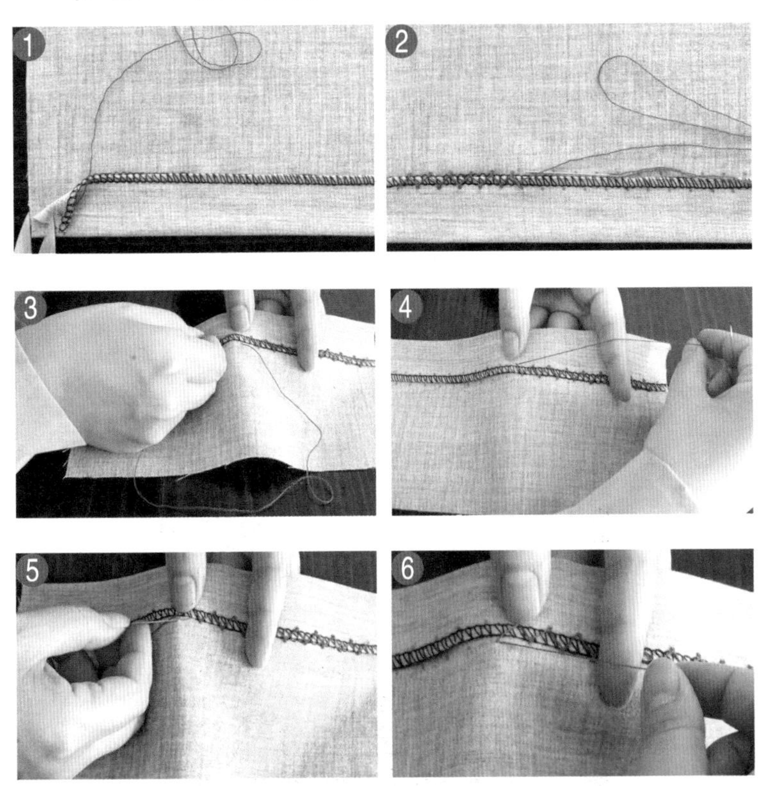

起针缝制

步骤三：缝制结束，呈现出三角针线迹。

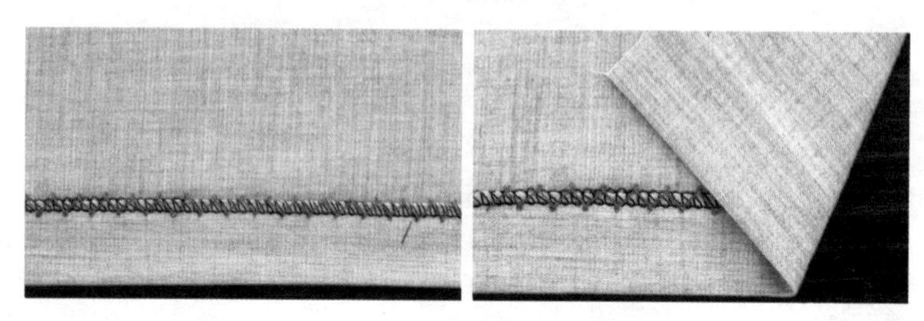

效果展示

三、套结针和拉线襻

套结针多用于服装的开衩、拉链、插袋的止口处，针迹长 0.6 ～ 1 厘米。拉线襻多用于连接服装下摆和制作隐形腰带襻。

套结针

步骤一：准备开衩部件和穿线手缝针。

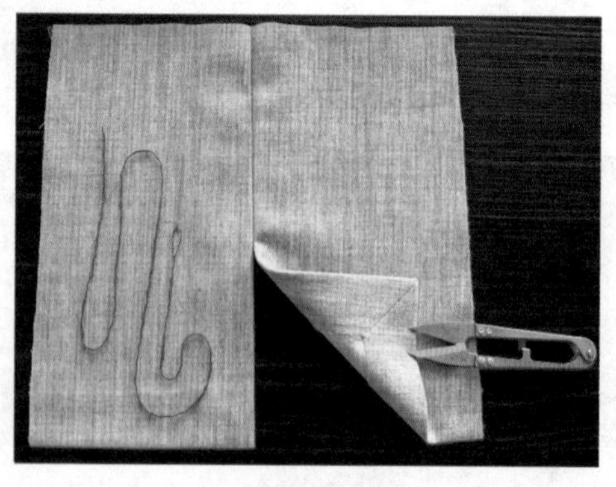

材料准备

步骤二：起针横挑 3 道线，针迹长 0.6 ～ 1 厘米。

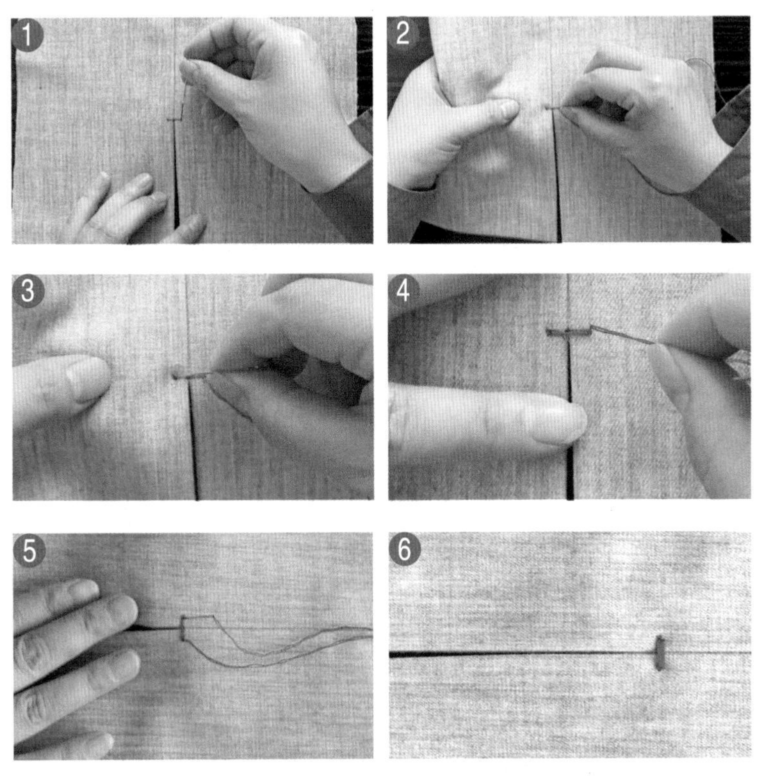

起针横挑

步骤三：竖插套线，重复至横挑线长度，竖线线迹要密而整齐。

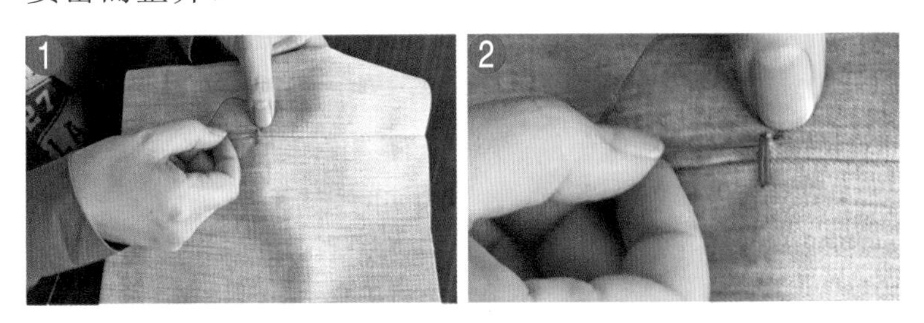

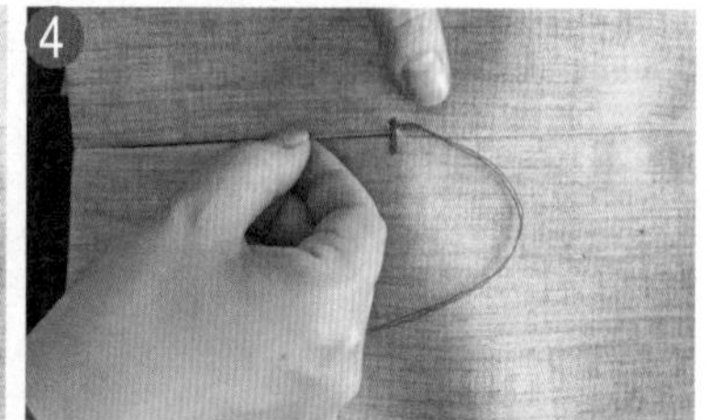

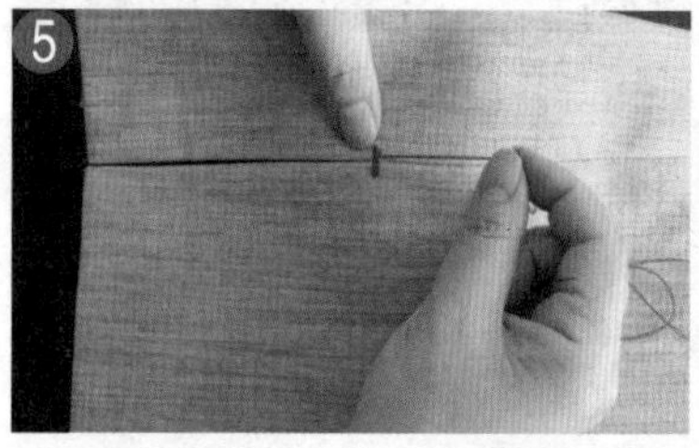

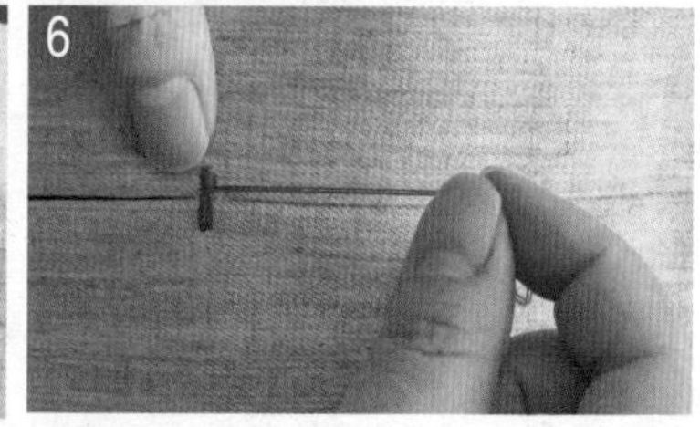

竖插套线

步骤四：收针，结束套装缝制。

效果展示

拉线襻

步骤一：准备双层面料和穿线手缝针。

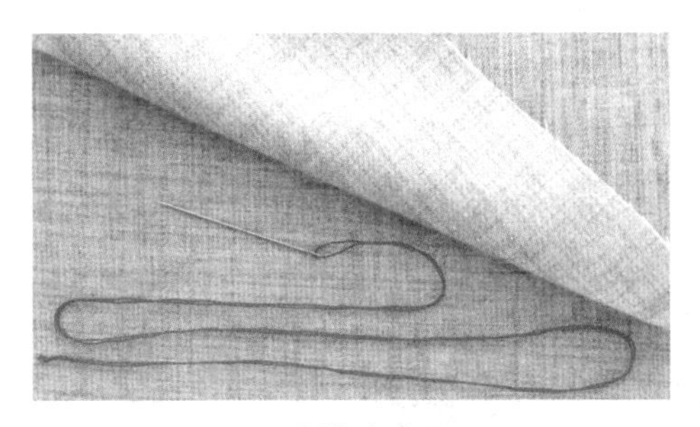

材料准备

步骤二：起针，在出针附近挑纱缝制出第一个线圈，双手配合拉出第二个线圈。

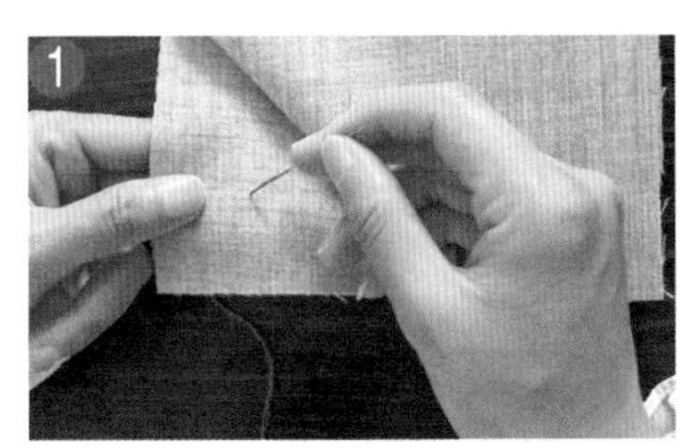

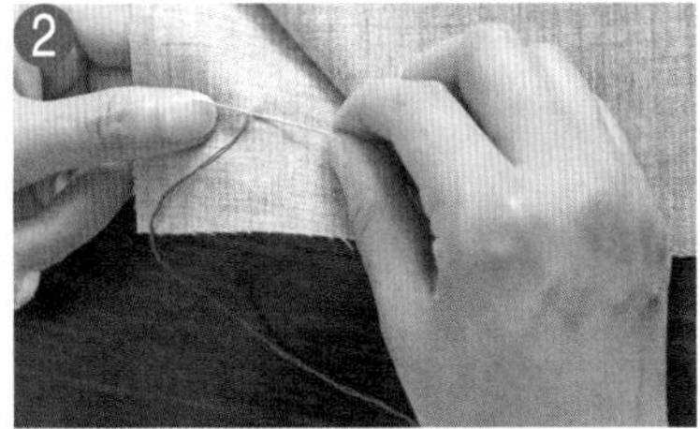

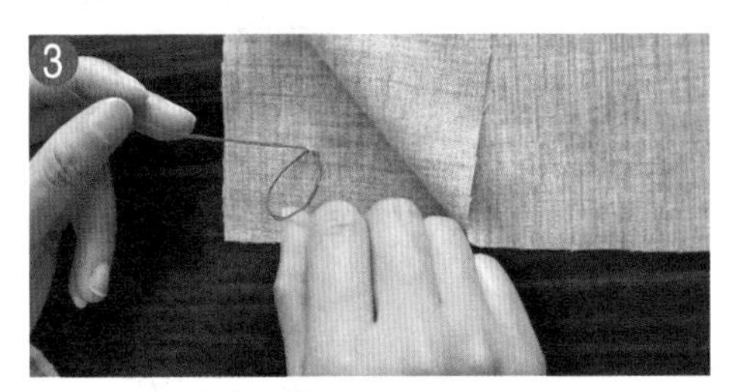

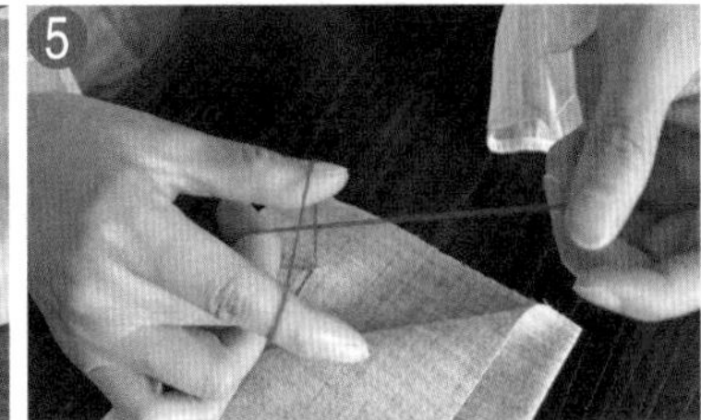

起针缝制

步骤三：用力拉第二个线圈，把握好线的走向，使第一个线圈套住第二个线圈。第一个线圈完全套牢第二个线圈时，再用同样的方法拉出第三个线圈。

调整线圈

步骤四：重复以上操作至形成线襻，线襻达到适合长度时，收针结束，固定到另一层面料上。

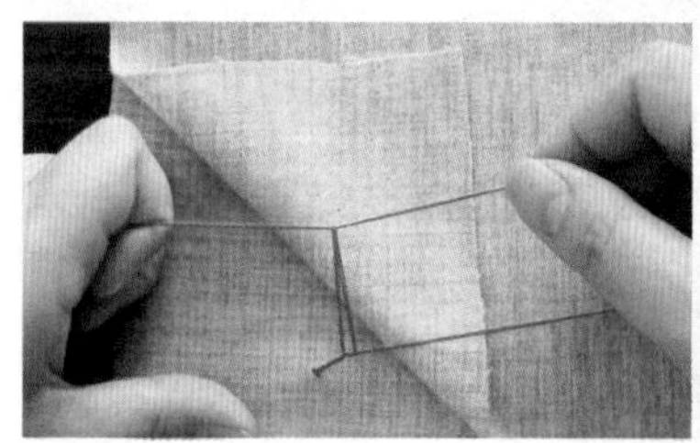
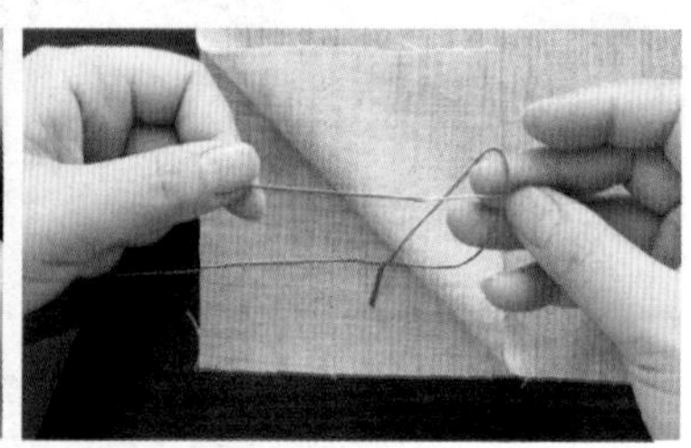

形成线襻

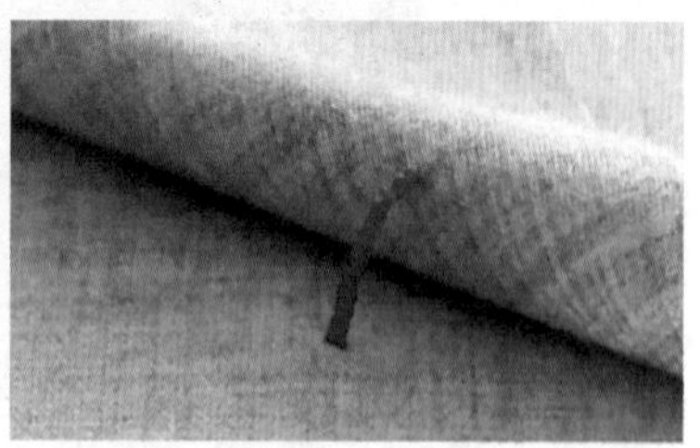

效果展示

四、锁扣眼和钉纽扣

锁扣眼分为锁平头扣眼和圆头扣眼，多用双线。锁平头扣眼操作简单，主要用于衬衫扣眼缝制。根据扣眼的多少，可将纽扣分为无孔、两孔、三孔、四孔等。钉纽扣时，要根据面料的厚度决定是否绕脚，厚的面料钉纽扣要绕脚，薄的面料钉纽扣不绕脚，钉纽扣的位置必须与扣眼对应。

锁扣眼

步骤一：准备面料和穿线手缝针，画眼位确定扣眼的大小。

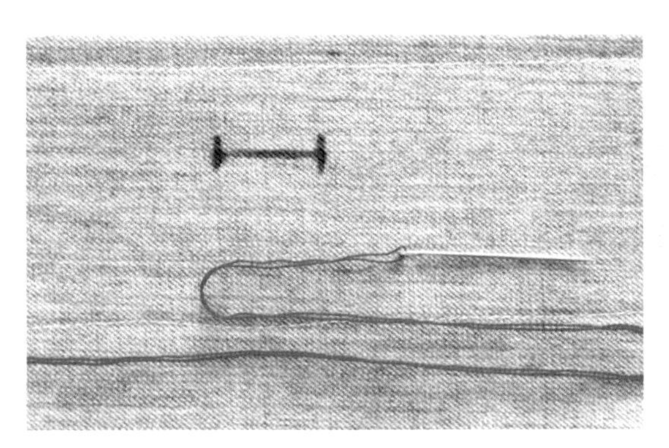

材料准备

步骤二：打衬线后固定面料，框定扣眼宽度。

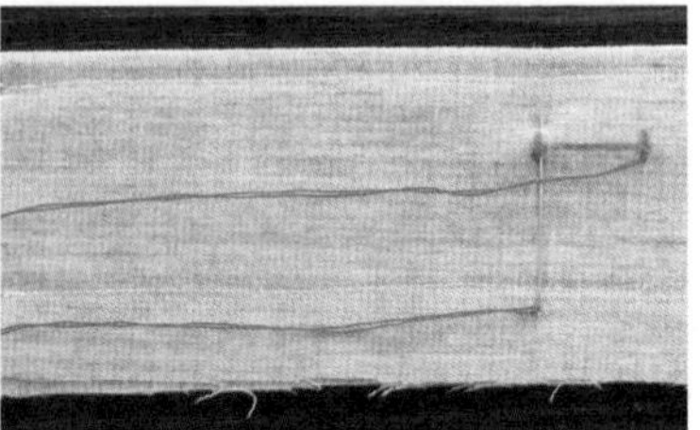
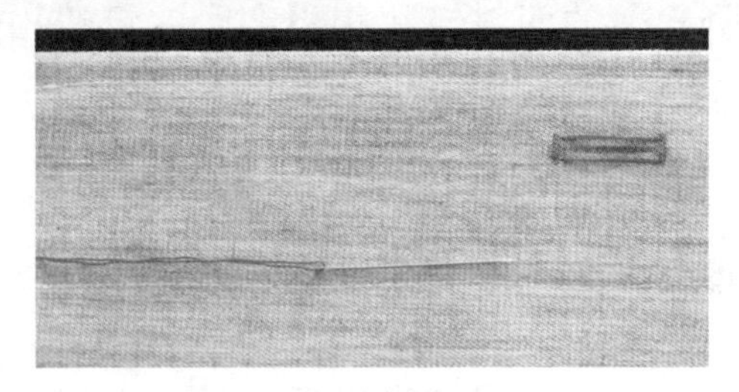

固定面料

步骤三：在扣眼长度处垂直对折，先剪开一个小口，再展开沿眼位线剪开。

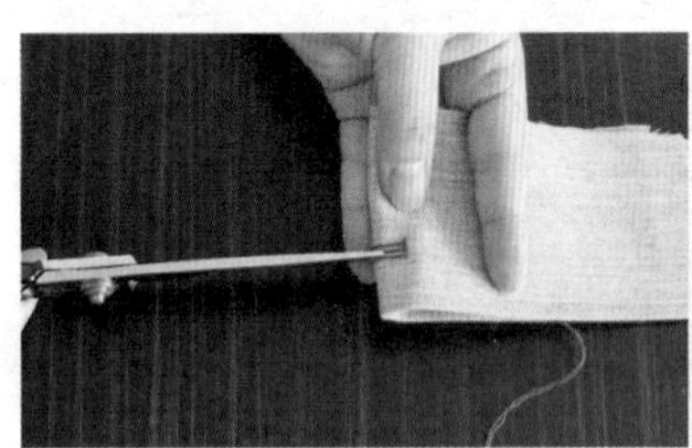
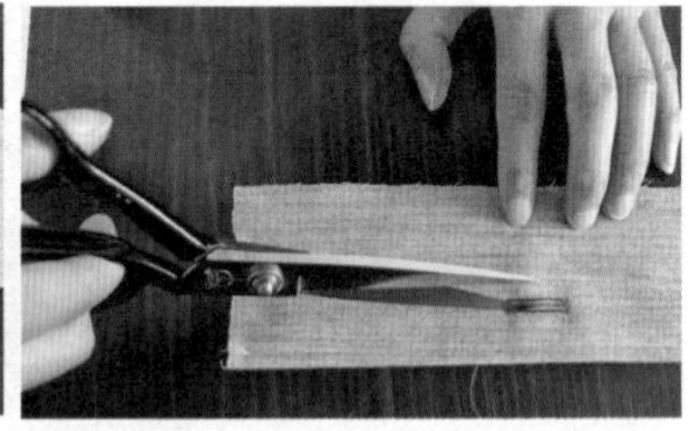

定位裁剪

步骤四：锁缝扣眼的一边。

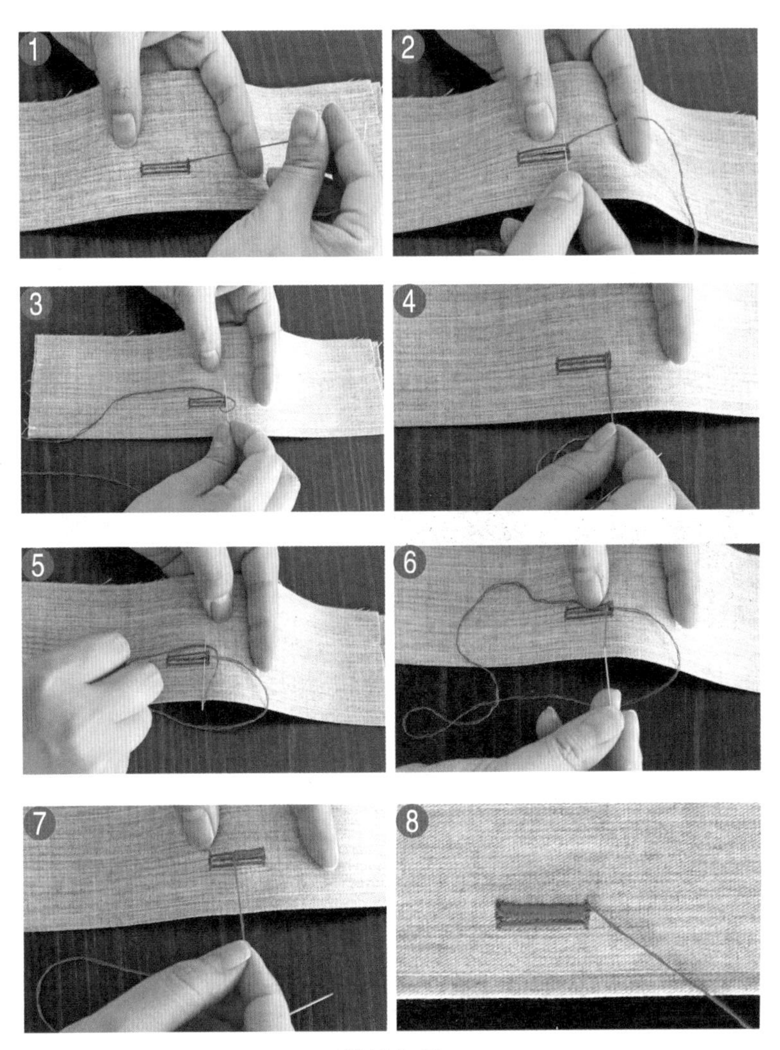

锁缝扣眼

步骤五：在扣眼端口连续缝两针，将扣眼的端口进行封闭，然后再缝两针。

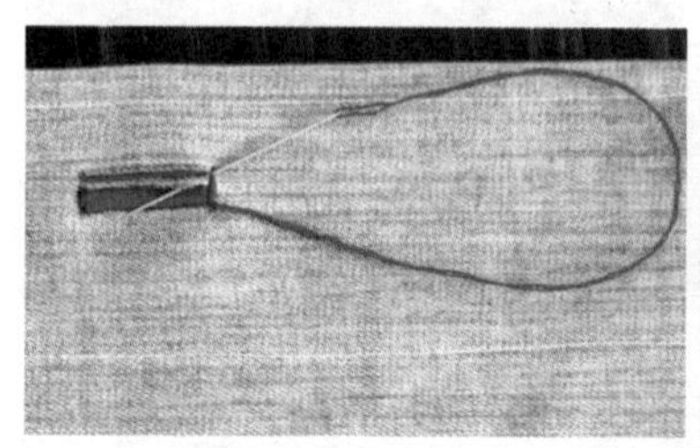
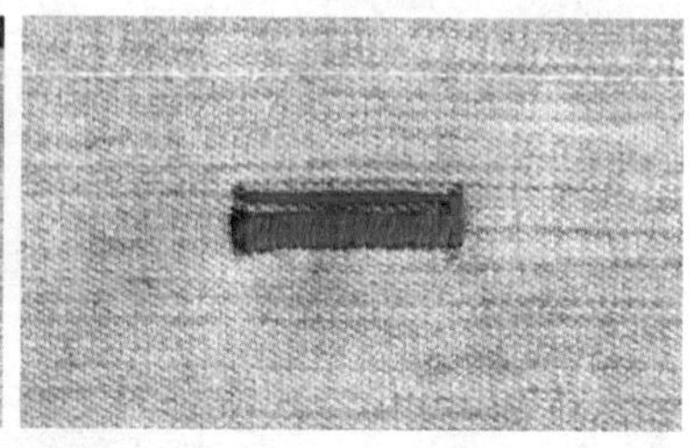

封闭扣眼

步骤六：以同样的方法锁缝好扣眼的另一边和另一端，收针结束。

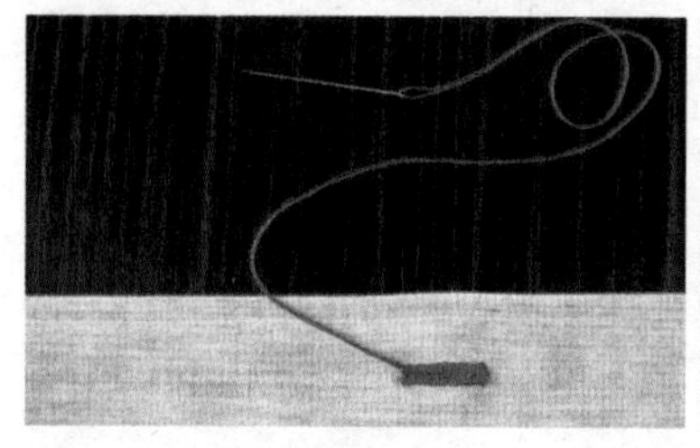

准备收针

效果展示

钉纽扣

步骤一：准备面料、四眼扣子和穿双线的手缝针，确定眼位。

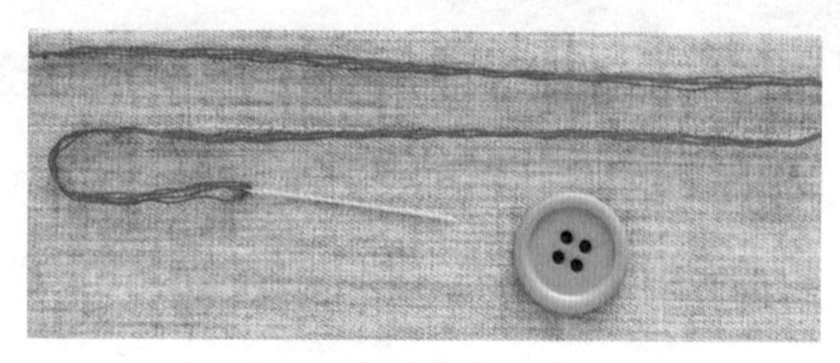

材料准备

步骤二：起针，对角缝线，扣子与面料间留适当的线柱。

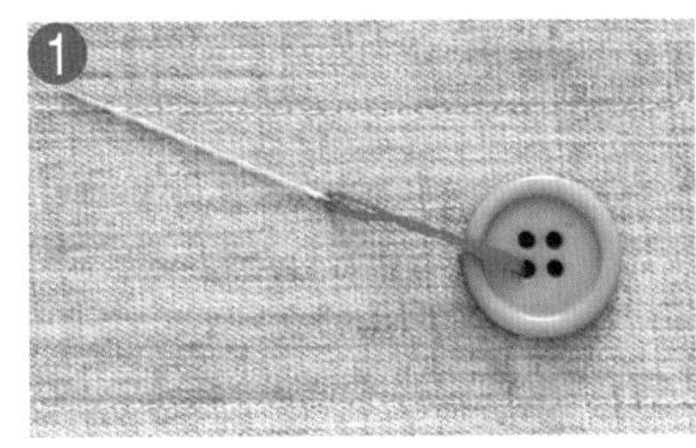

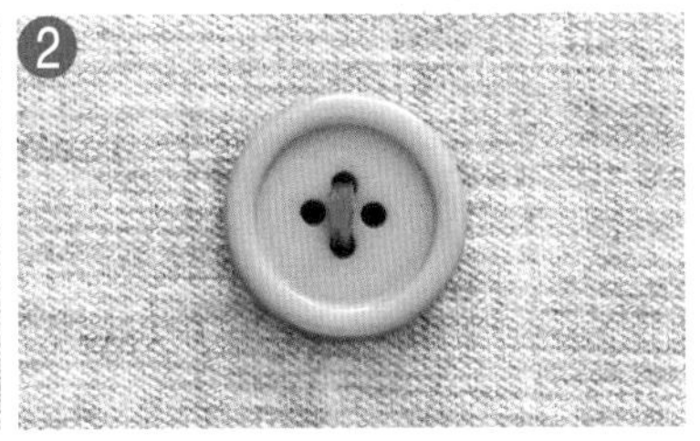

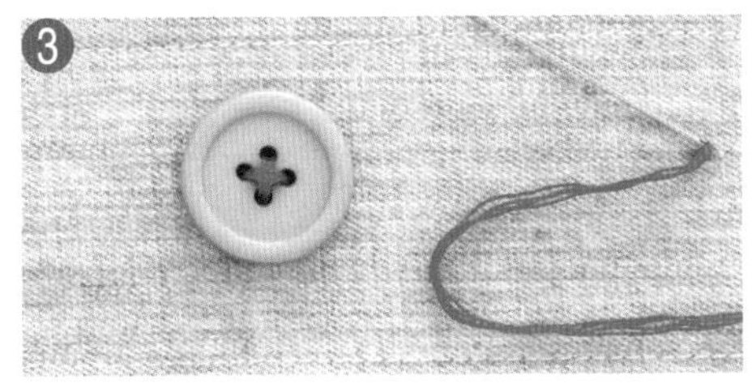

对角缝线

步骤三：从线柱的上端开始用线缠绕线柱，在线柱下端绕结。

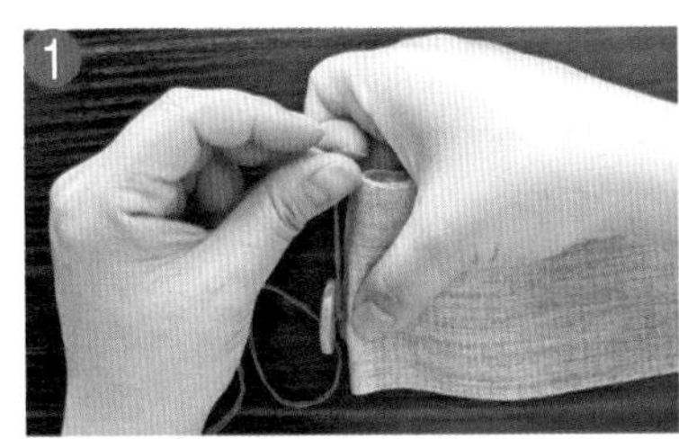

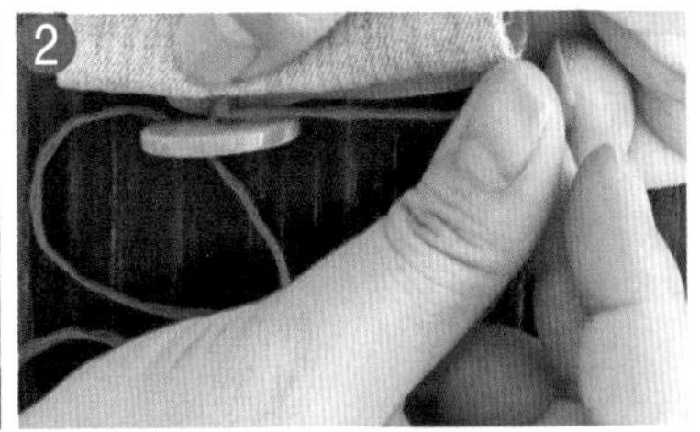

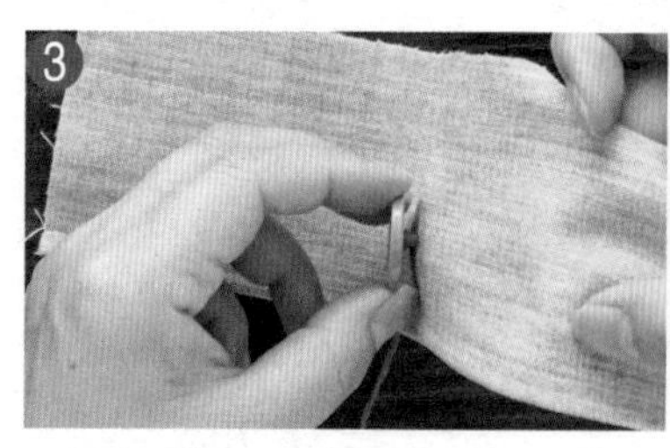

缠绕线柱

步骤四：将针与线引入反面，打结收针，完成钉扣。

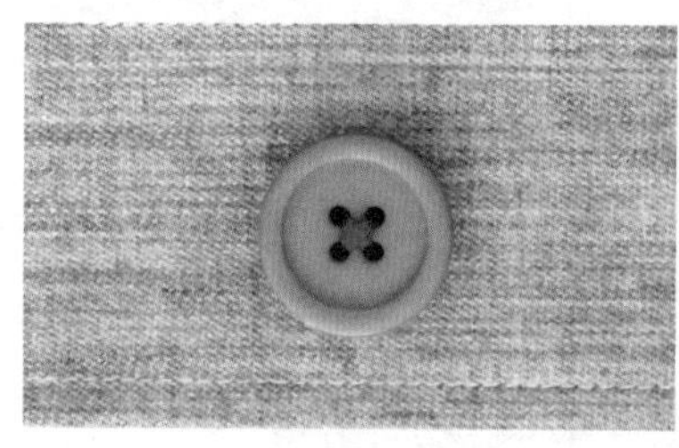

效果展示

第二节　机缝工艺基础

※ 学习目标

- 学会控制平缝车的速度。
- 学会定位车缝和缝制鞋垫。
- 掌握缝合工艺的基本常识。

※ 学习重点

- 能够运用机缝工艺制作常见的缝型。

一、平缝车控速

平缝车控速的方法主要有两种，一是通过平缝车的功能调节来控制车缝速度，二是通过人为操作来控制车缝速度。

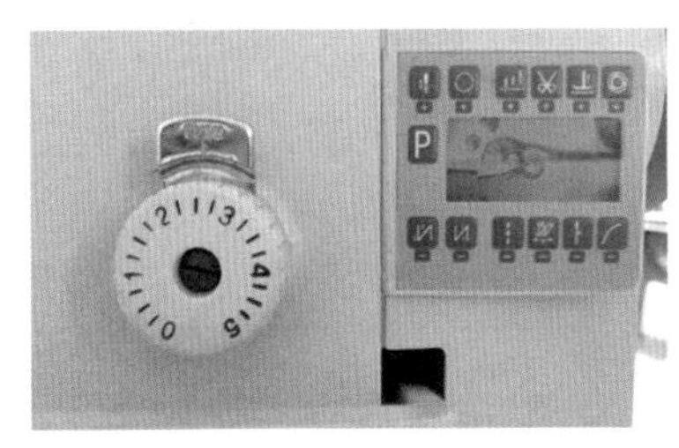

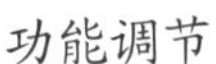
功能调节

人为操作

功能调节

步骤一：正对平缝车时，在右侧找到针距调节旋钮。

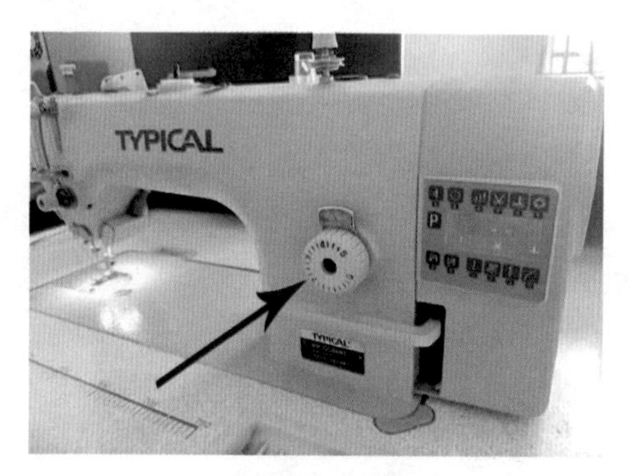

调节旋钮

步骤二：将针距调节旋钮上的小数字对准上方的标记，此时针距短，车缝速度慢。

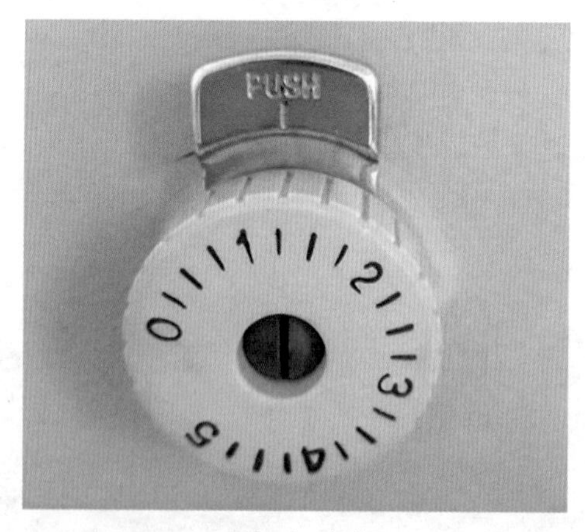

小数字对准

步骤三：将针距调节旋钮上的大数字对准上方的标记，此时针距长，车缝速度快。

大数字对准

步骤四：按显示屏下方的减速按钮“乌龟”则车缝速度变慢，按显示屏下方的加速按钮“兔子”则车缝速度变快。

显示屏调节

人为操作

步骤一：身体正坐于平缝车前方，胸口距桌面 15 厘米左右，右脚放在平缝车踏板上方且膝盖可以摆动压脚推杆。

人为操作

步骤二：右脚放在平缝车踏板上方，用脚尖下压力度来控制平缝车的车缝速度，使平缝车在 30 秒内运行 60 ～ 70 针。

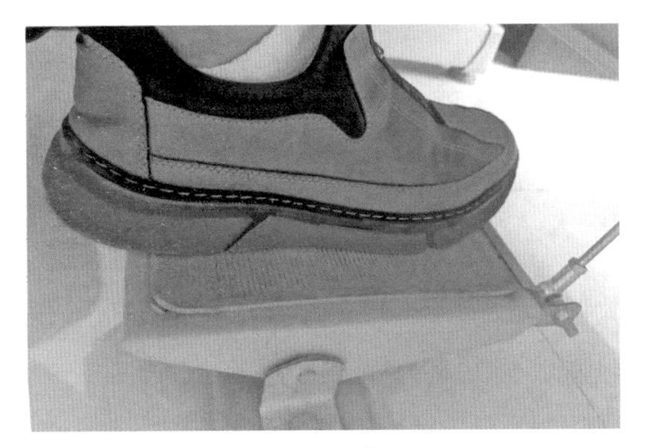

控制速度

步骤三：右脚放在平缝车踏板上方，脚后跟下压时，则平缝车停止。

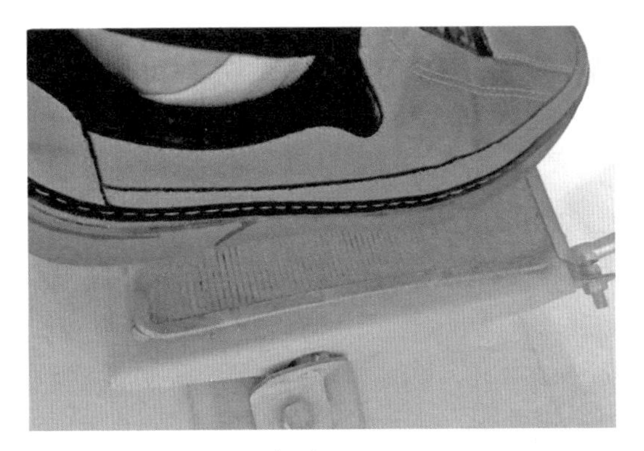

脚跟下压

步骤四：反复轻踩踏板，使平缝车速度控制在20秒内运行20～30针，且能随时运行或停止。

反复轻踩踏板

二、定位车缝

定位车缝是缝制过程中的基本工艺，即在指定的线路和位置进行缝纫，主要分为直线车缝和折线车缝。

直线车缝

步骤一：准备面线、底线和面料。

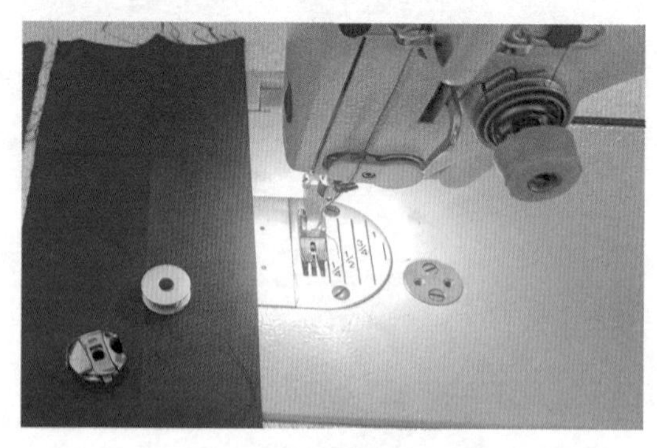

材料准备

步骤二：左手拉住面线，右手顺时针旋转手轮。

双手配合

步骤三：右手旋转手轮一周，将机针穿过针板。

机针穿过针板

步骤四：右手继续旋转手轮一周，左手同时固定住面线，待面线钩住底线再向上拉出。

上拉面线

步骤五：将面线和底线同时拉至压脚后方。

拉住双线

步骤六：把面料放于压脚下，且处于机针后方约 0.7 厘米处。

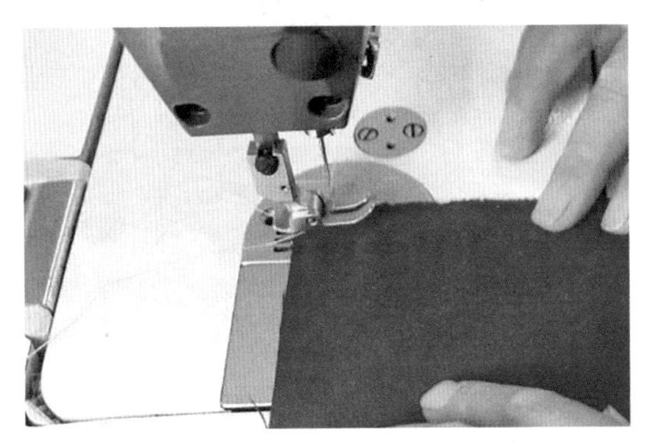

确定位置

步骤七：右手按住倒车键，开始脚踩车缝 2 ～ 4 针，再放开倒车键。

脚踩车缝

步骤八：压脚与止口的距离保持一致，直至车缝结束。

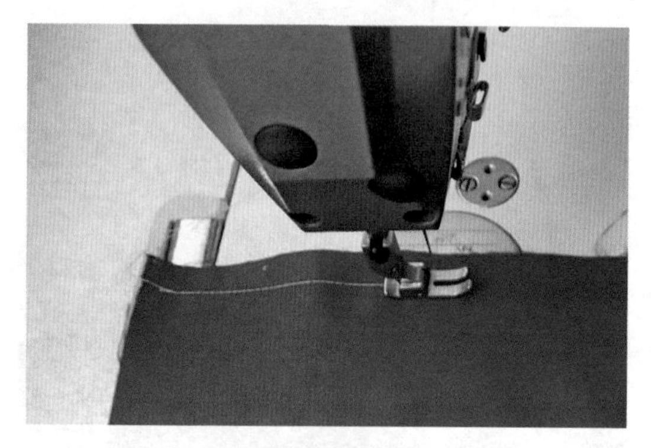

保持距离一致

折线车缝

步骤一：准备面线、底线和面料。

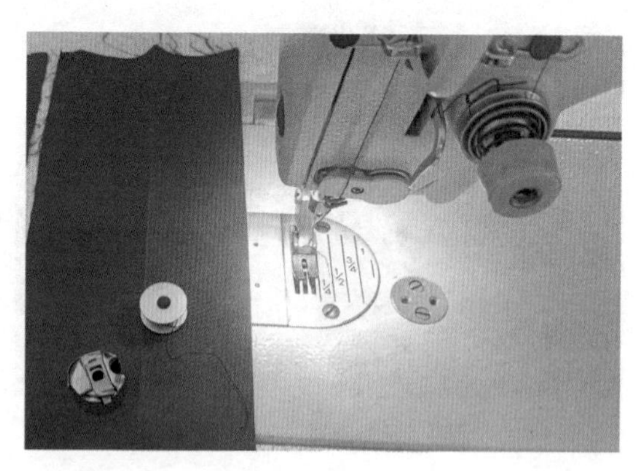

材料准备

步骤二：左手拉住面线，右手顺时针旋转手轮。

双手配合

步骤三：根据已完成的缝迹，将压脚置于平行于缝迹 0.5 厘米处进行车缝。

进行车缝

步骤四：沿已完成的缝迹平行车缝，当机针处于转角尖点且插入面料时，抬压脚转角。

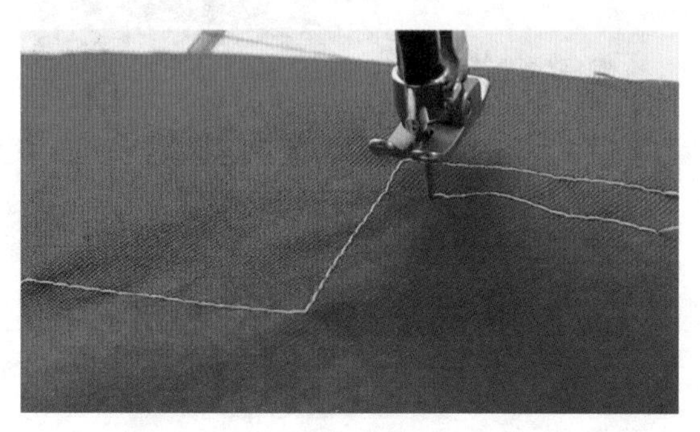

平行车缝

步骤五：重复步骤四，直至线迹平行、顺直。

重复车缝

三、鞋垫的缝制

学习缝制鞋垫不仅能加强对直线车缝和折线车缝的练习，还有机会缝制出一双高质量的鞋垫。

步骤一：准备面料、底线、纸、剪刀、包边条、鞋垫样板等。

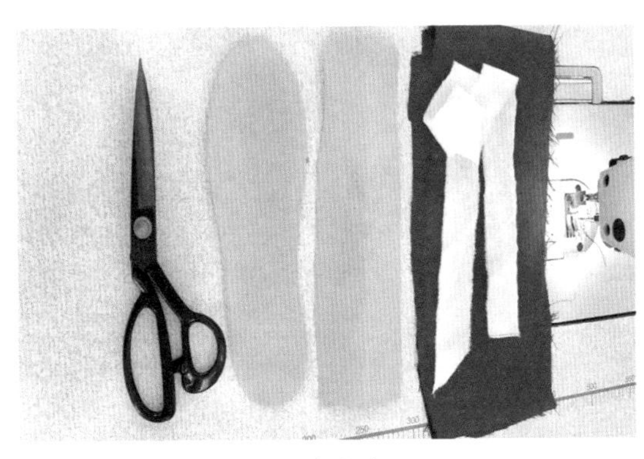

材料准备

步骤二：将数片面料叠放整齐，可以在中间加上硬衬、纸壳等。

面料叠放

步骤三：从面料中间开始缝制，按“回纹”图样反复转折缉缝。

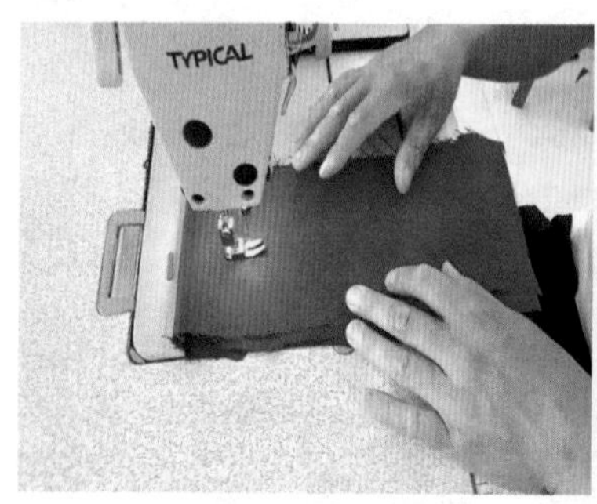

转折缉缝

步骤四：将鞋垫样板放在车好的数层面料上画样，并裁出鞋垫毛样。

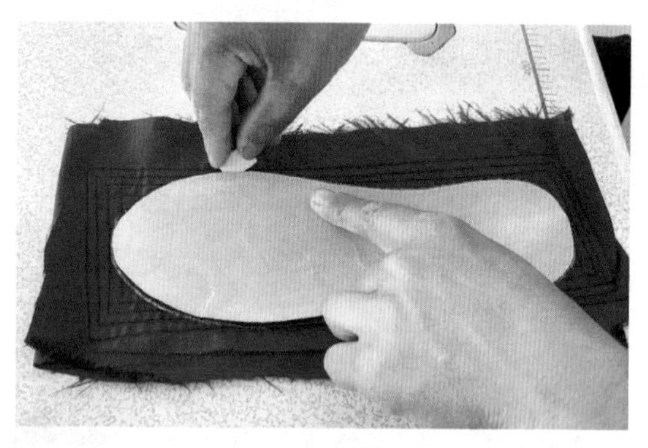

画出毛样

步骤五：用包边条从鞋垫毛样内侧开始缝制，用暗线围绕鞋垫毛样缉缝一周。

缉缝暗线

步骤六：将包条向背面翻折，扣压包边条，用明线缉缝一周。

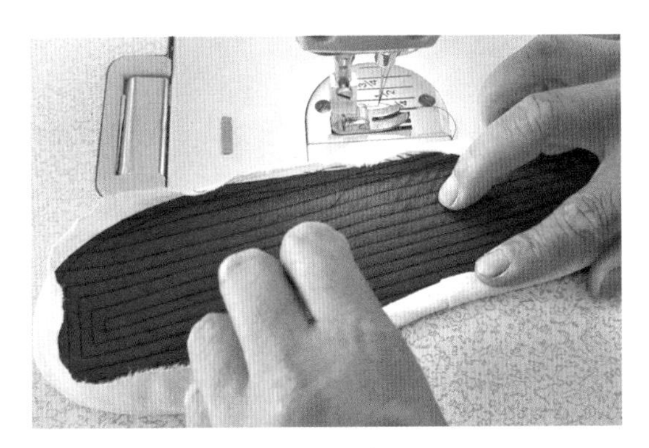

缉缝明线

步骤七：鞋垫缝制完成。

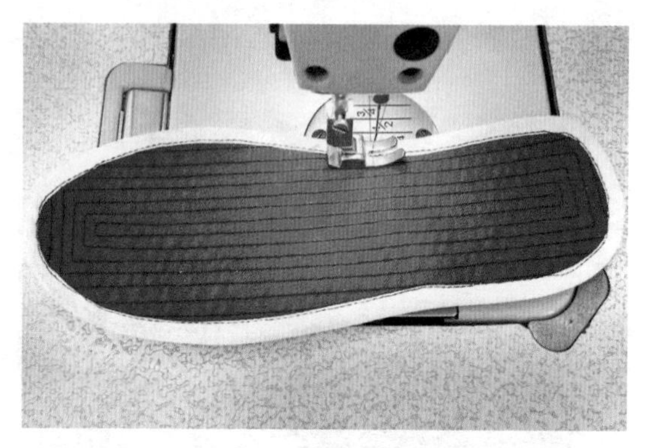

效果展示

四、缝合工艺常识

不同款式的服装在缝制过程中采用的缝型不同。成品服装由许多部件组合而成，而部件之间的整合依靠不同缝型的拼合。根据服装款式与面料的特点，服装在具体的生产过程中所选择的缝型也有所不同。以下是服装企业常用的几种机缝缝合工艺。

平缝、倒缝、分开缝

平缝是将两层及以上的裁片按预设的缝份量进行缝合，是最基本的缝合工艺。倒缝是平缝后将缝头倒向一边烫平，多用于衬衫的肩缝、摆缝等。分开缝是在平缝的基础上，将拼合的缝份分开缝合，以达到平整的效果，多用于西服的侧缝、肩缝和袖缝。

步骤一：准备面料和底线。

材料准备

步骤二：将两片面料整齐地叠放在一起。

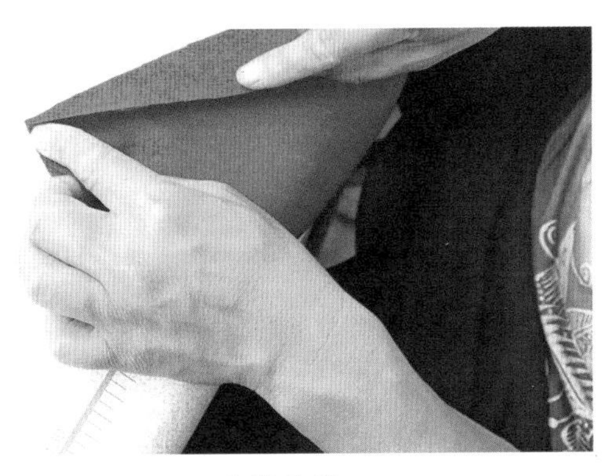

面料叠放

步骤三：把叠放好的面料放到压脚下，且布边一头处于机针后方约 0.7 厘米处。

确定位置

步骤四：压脚平行于布边，距离半个压脚，开始车缝至结束，注意首尾均要回针。

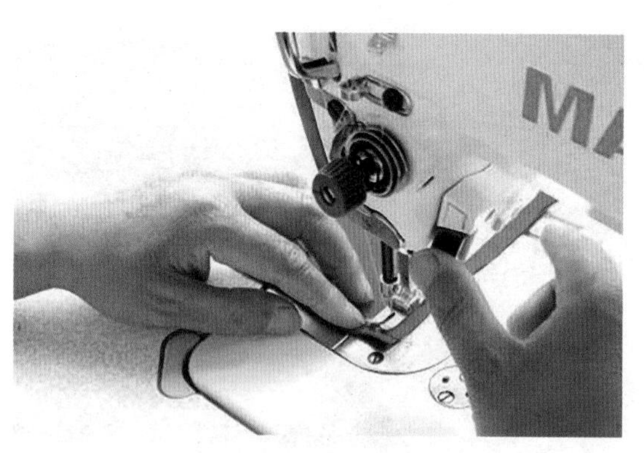

进行车缝

步骤五：将缝好的面料打开，用熨斗把缝头烫倒至一边，即为倒缝。

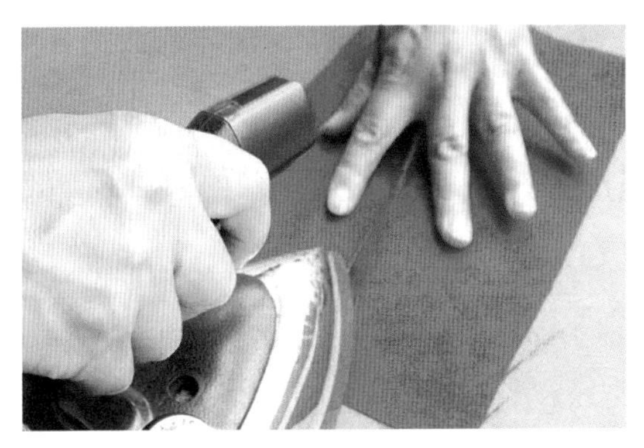

倒缝

步骤六：将缝好的面料打开，用熨斗把缝头分开烫倒至各边，即为分开缝。

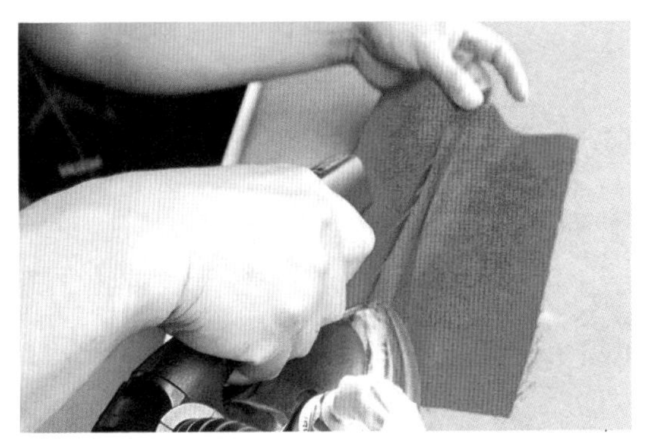

分开缝

分压缝

分压缝是在分开缝的基础上，将分开的缝头进行扣压缝的缝合工艺，多用于裤子的裆缝和袖子的内袖缝。

步骤一：准备已完成分开缝的面料，分别将缝头扣好，止口置于压脚内侧。

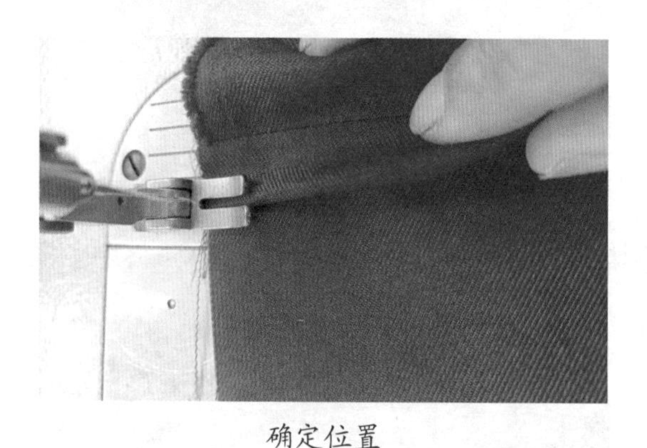

确定位置

步骤二：在距止口 0.1 厘米处进行压缝。

进行压缝

步骤三：重复以上操作，直至两边的缝头均扣压缝好。

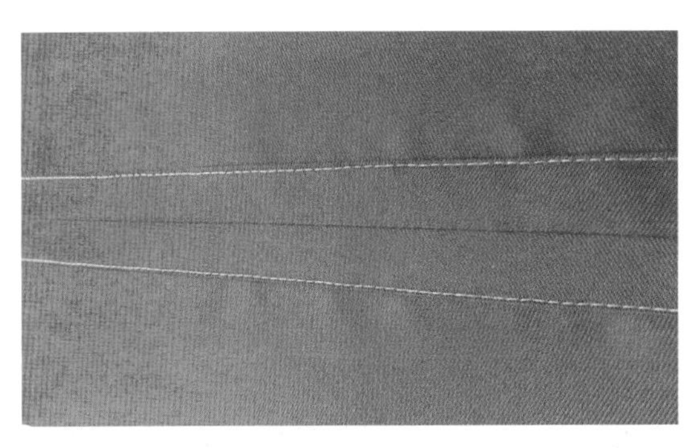

效果展示

漏落缝

漏落缝是在分开缝的基础上，将线迹隐藏于缝隙中的缝合工艺，多用于高档服装的挖袋、挖扣眼和绲边。

步骤一：准备已完成分开缝的面料并将其烫平，正面朝上，放置于另一片面料上。

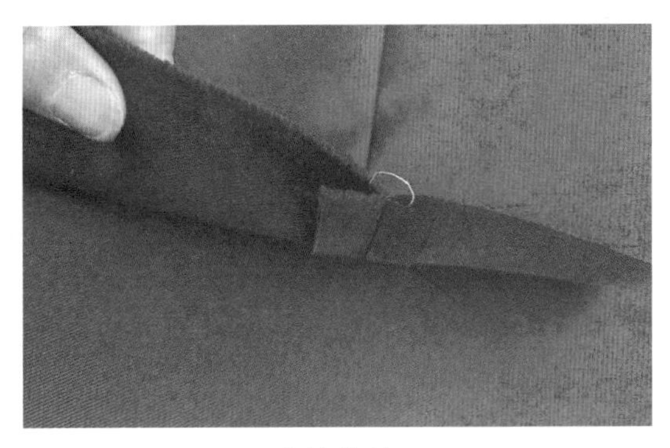

面料叠放

步骤二：把叠放好的面料放到压脚下，使机针正对两片面料分开缝的连接处。

确定位置

步骤三：沿分开缝连接处进行车缝，直至缝制完成。

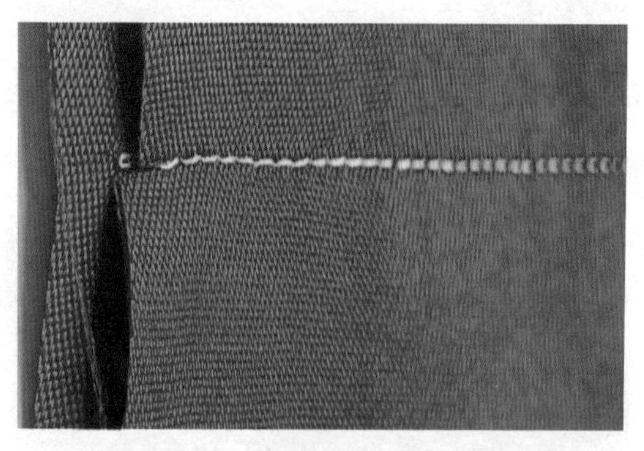

效果展示

卷边缝

卷边缝是将面料的毛边按要求进行两次翻转扣净后，缉缝在面料上的缝合工艺，多用于袖口、衣摆和裤脚。

步骤一：准备一片面料，选择一条布边回折 2 厘米。

布边回折

步骤二：将折好的 2 厘米布边再折一次。

布边再折

步骤三：将折好的布边止口置于压脚内侧。

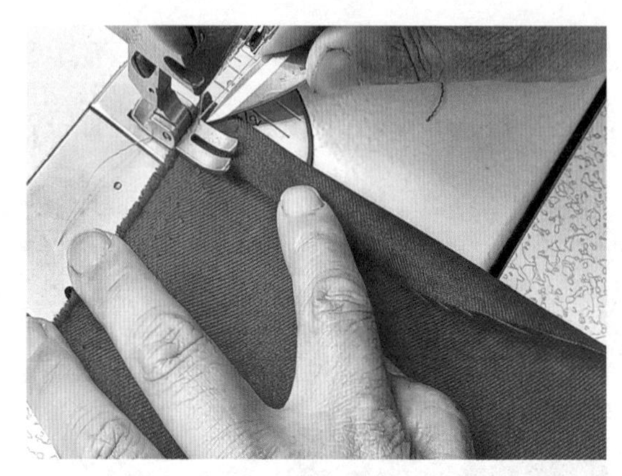

确定位置

步骤四：在距止口 0.1 厘米处进行压缝。

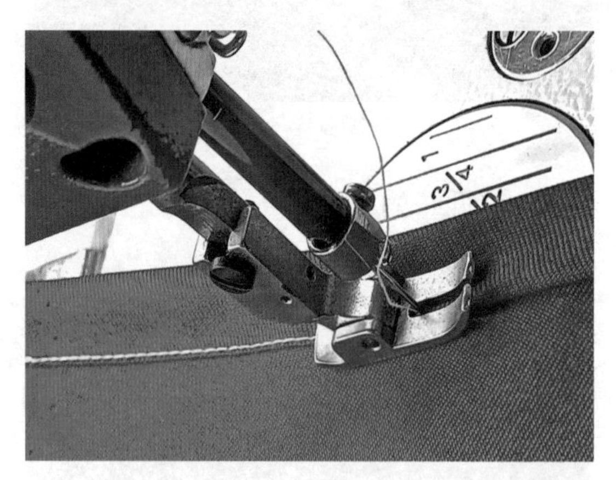

进行压缝

步骤五：缝制完成。

效果展示

贴边缝

贴边缝是将两层衣料平缝并倒缝后，将其中一层面料反面翻折，为固定翻折后的面料，紧靠倒缝的边缘进行缉缝的缝合工艺，多用于裤腰和裙腰。

步骤一：准备好裁片面料，并区分面料的正反面。

材料准备

步骤二：将数片边缘宽度相同的面料叠放在原本的面料上，注意正面相对，并在距边缘止口 1 厘米处缉缝一道暗线。

缉缝暗线

步骤三：将缝好暗线的贴边翻至裁片的反面，即反面相对。

贴边翻转

步骤四：将贴边的另一边翻折 1 厘米，在距止口 0.1 厘米处进行缉缝。

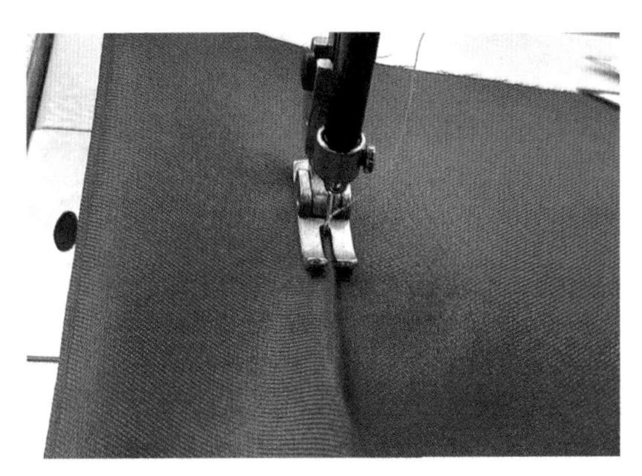

翻折缉缝

步骤五：缝制完成。

效果展示

包边缝

包边缝是将预先留出的上层面料的缝份折转，包住下层面料的缝份后再进行缉缝的缝合工艺，多用于肩缝、袖缝和裆缝。

步骤一：准备一块长20厘米、宽2厘米的斜纱包边条和一块长20厘米、宽6厘米的面料。

材料准备

步骤二：用包边条将面料边缘包住。

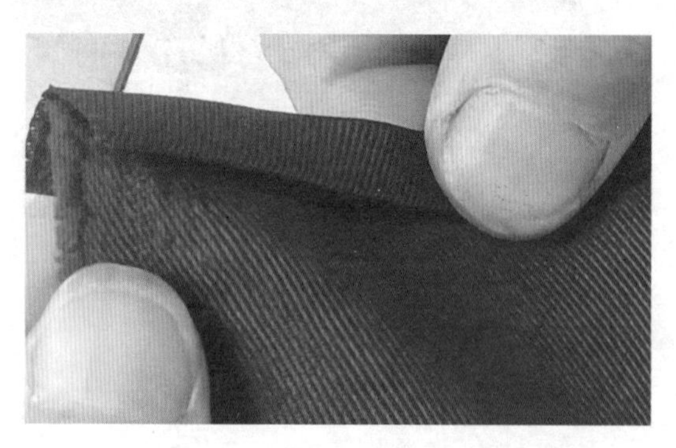

包住边缘

步骤三：将包好的部位置于压脚下，包边条止口紧靠压脚内侧。

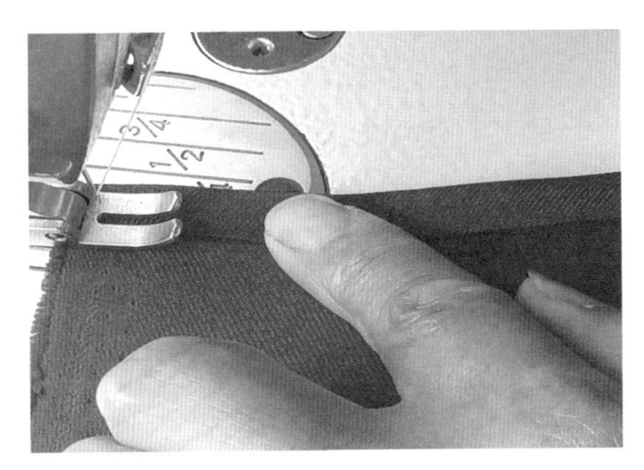

确定位置

步骤四：在距止口 0.1 厘米处进行缉缝，直至缝制完成。

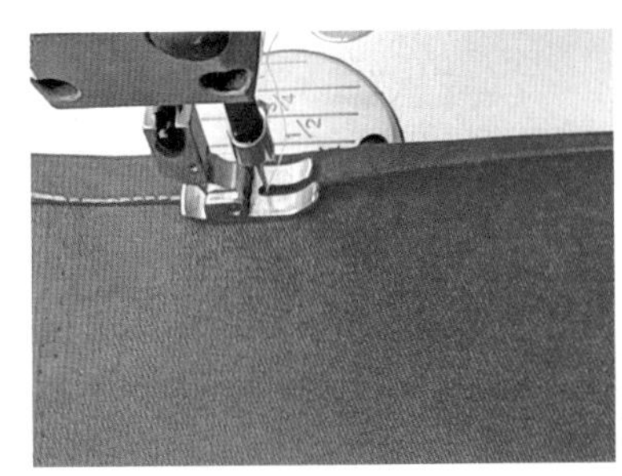

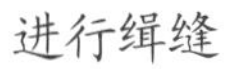
进行缉缝

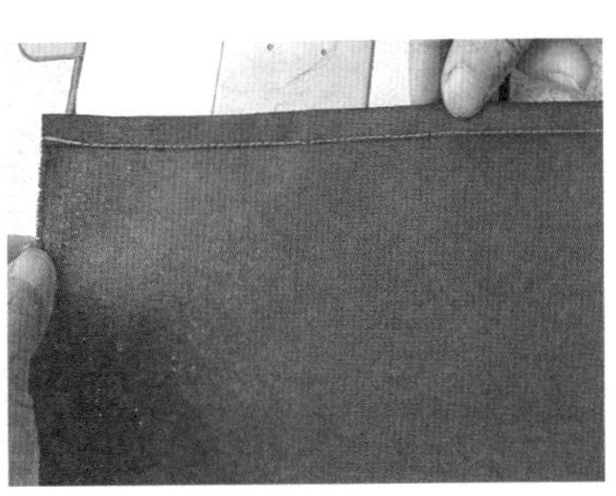

效果展示

第三节　熨烫工艺基础

※ 学习目标

- 认识常用的熨烫工具。
- 了解熨烫的注意事项。
- 掌握不同缝型的熨烫方法。
- 掌握黏合工艺的基本要素。

※ 学习重点

- 掌握熨烫工具的使用方法。

一、常用的熨烫工具

在服装生产过程中，熨烫是非常重要的环节。辅助熨烫工具有助于我们对衣领、脚口、袖子侧缝等特殊部位进行熨烫，常见的辅助熨烫工具有烫台、垫呢、熨斗、铁盘、烫凳、烫馒等。

烫台

烫台是熨烫服装的主要载体，包括底板、可移动式顶板、烫毡、支架、台面、仪表盘、蒸汽、抽真空、加压装置等。

烫台

垫呢

垫呢是熨烫服装时使用的厚垫布，熨烫时，应将其垫在衣物下面。

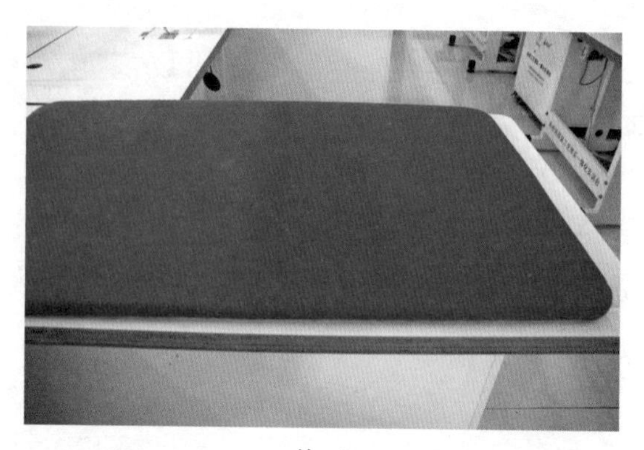

垫呢

熨斗

熨斗是熨烫服装的主要工具，可有效地解除衣物无规律的绷紧，使其没有褶皱。

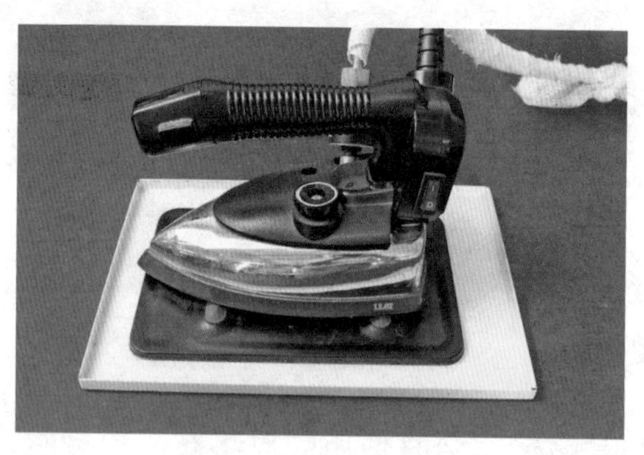

熨斗

铁盘

熨斗在工作时温度比较高，铁盘的作用是放置熨斗。

铁盘

烫凳

烫凳是熨烫服装的重要工具，多用于熨烫裤子侧缝、上衣袖缝等。

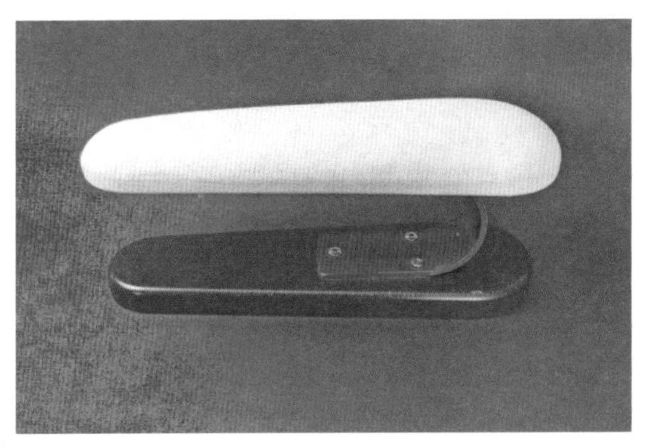

烫凳

烫馒

烫馒又称布馒头，多用于熨烫服装各弧面部位。

烫馒

熨烫服装的注意事项：

▶ 面料不同，适宜的温度不同。在熨烫前，需要了解服装面料的材质与特性，才能在温度上有所控制，不适宜的温度容易烫坏衣物。

▶ 在熨烫时，面料要摆放平整，熨斗的推移速度要适中，不能长时间地把熨斗放在面料上或来回熨烫，以免烫坏衣物。

▶ 熨烫部位和熨烫要求不同，选用的熨斗部位不同。熨烫部位小用熨斗尖，熨烫部位大用整个熨斗底部，熨烫部位窄则用熨斗侧边。

▶ 在熨烫时，应一只手拿熨斗，另一只手摆弄面料配合熨烫。在熨烫有弧度的部件或筒状部件时，可借助辅助熨烫工具。

二、缝型的熨烫方法

劈缝熨烫

劈缝熨烫又称分缝熨烫，是将两片面料缝合后，再把缝份分开熨烫平整，多用于日常裤子、袖子侧缝等。

步骤一：将两片面料对齐后缉一条直线，缉线尺寸根据缝份大小确定。

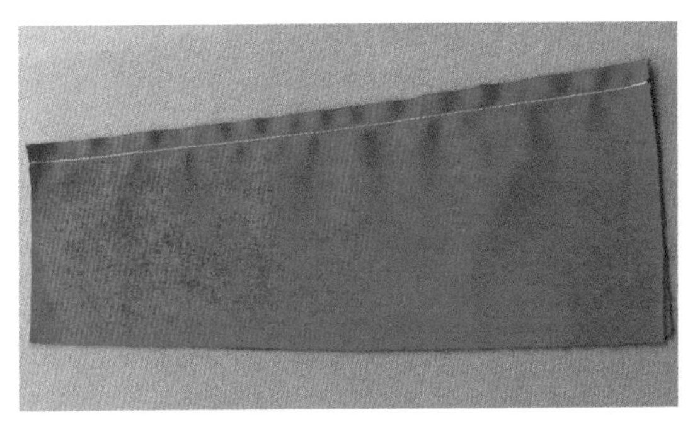

对齐缉线

步骤二：整体熨烫车缝线，将缝线部位熨烫平整。

整体熨烫

步骤三：用手指将缝份分开，用熨斗沿分开的缝份熨烫。

分开熨烫

步骤四：熨烫结束。

效果展示

倒缝熨烫

倒缝熨烫是将缝头倒向一边不劈开，多用于薄料。

步骤一：将两片面料对齐后缉一条直线，缉线尺寸根据缝份大小确定。

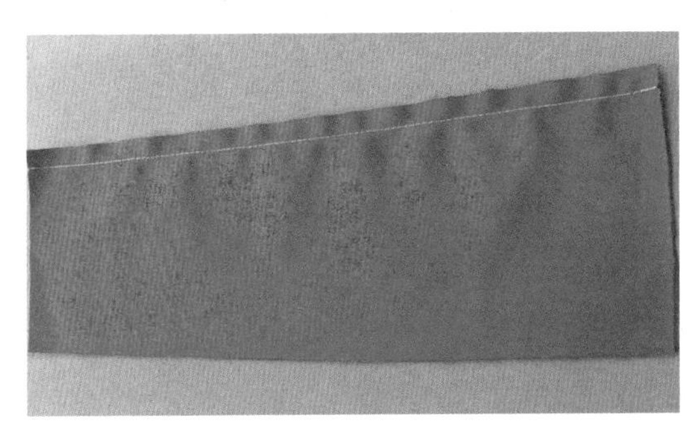

对齐缉线

步骤二：将两片面料沿缝线处打开。

沿线打开

步骤三：用手将两片面料拉开，用熨斗沿缝线处熨烫。

沿线熨烫

步骤四：熨烫结束。

效果展示

贴袋扣烫

贴袋扣烫是将缝份毛边向反面扣烫，使正面看不到毛边，多用于衬衫口袋、围裙口袋、牛仔裤后袋等。

步骤一：根据放缝尺寸，在贴袋面料上折叠熨烫。

折叠熨烫

步骤二：沿第一道熨烫缝份翻折熨烫。

翻折熨烫

步骤三：把熨烫好的袋口在缝纫机上缉压 0.1 厘米的缝线。

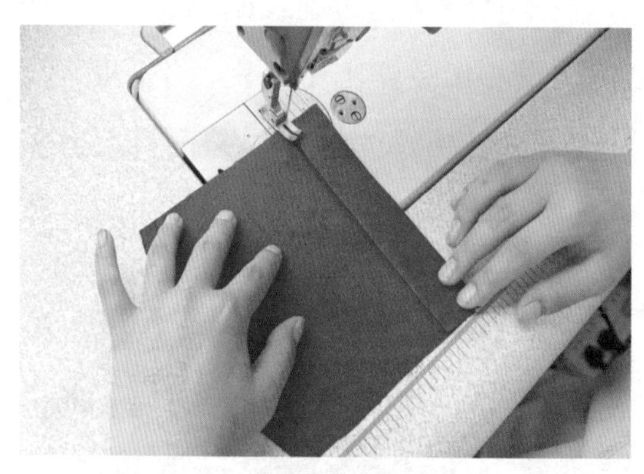

缉压缝线

步骤四：用熨斗把缝合处熨烫平整。

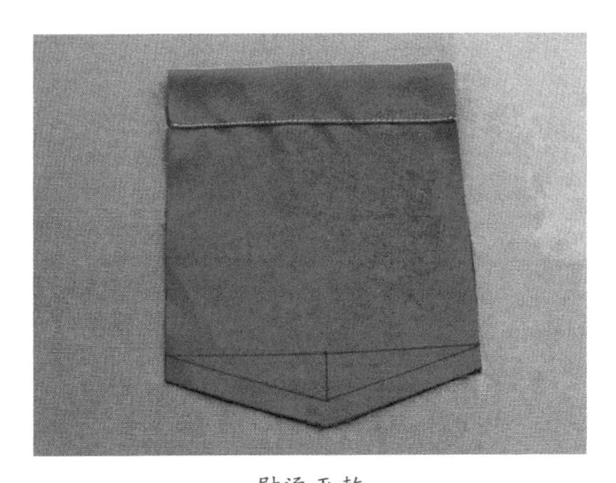

熨烫平整

步骤五：沿袋型边扣烫 1 厘米的缝份。

扣烫缝份

步骤六：在衣片上找到贴袋位置，做好标记。

确定位置

步骤七：将贴袋对点放置于定好的位置上。

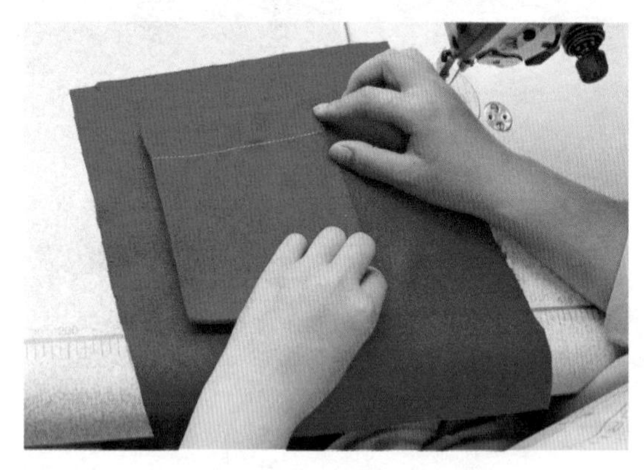

对点放置

步骤八：找准位置后沿袋边缉压 0.1 厘米的明线。

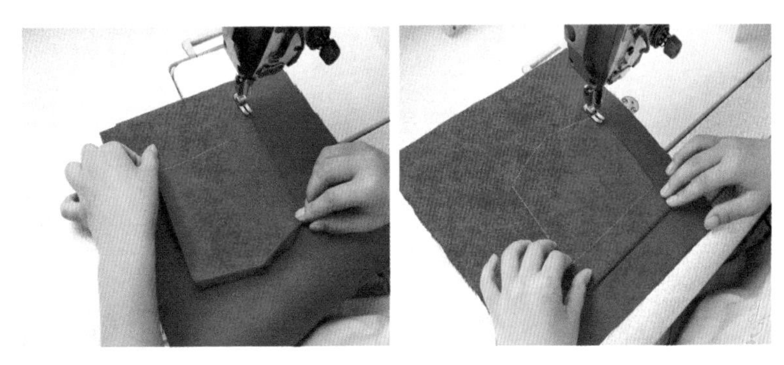

缉压明线

步骤九：缝制完成后熨烫平整。

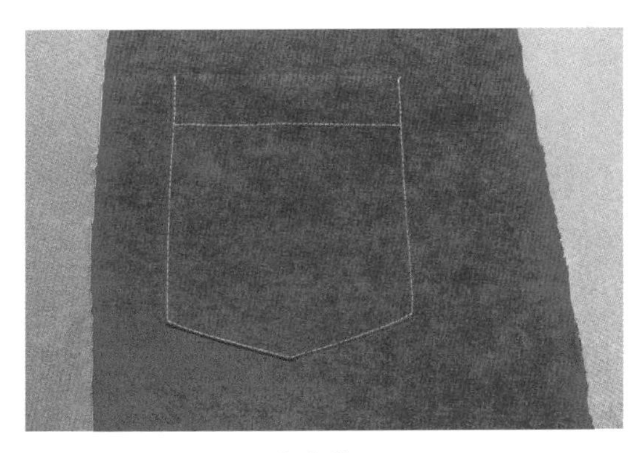

效果展示

三、黏合工艺

黏合工艺的基本要素

（1）黏合温度

掌握正确的黏合温度，才能取得最佳的黏合效果。温度过高，会造成热熔树脂胶熔融流失，或渗透织物程度过大，黏合强度下降。温度过低，则不会发生热熔黏合。

（2）黏合压力

在热熔黏合过程中，正确的压力可使面料与黏合衬之间有紧密的接触，使热熔树脂胶能均匀地渗入面料纤维中。

（3）黏合时间

只有控制在合理的时间范围内，黏合温度和黏合压力才能对黏合衬上的热熔树脂胶发挥作用。

在将面料与黏合衬进行黏合时，必须注意黏合温度、黏合压力和黏合时间，产品的黏合质量与这三个要素是否恰当具有重要关系。

黏合衬的选用原则

▸ 黏合衬的缩水率和热压收缩率要与面料一致，保证服装外观平挺，不起皱，不打卷。

▸ 与面料黏合后，黏合衬要能达到一定的剥离强度，且在使用期限内洗涤后不脱胶，不起泡。

▸ 黏合衬要与面料质地相符，如常规外衣的黏合衬要有较好的弹性，丝绸料的黏合衬的悬垂性要好等。

▸ 黏合衬要有较好的透气性，保证穿着舒适，且黏合温度要与面料相符，如裘皮用的衬黏合温度要低。

▸ 黏合衬应有良好的可剪性与缝纫性，裁剪时不会沾污刀片，衬布切边不会相互粘连，缝纫时不会沾污针眼等。

黏合衬熨烫的基本要领

▸ 黏合前，要将衣片位置放正，轻薄衣料要把丝绺归正，衣片按样板形状放正，防止粘上黏合衬后衣片造型走样。

▸ 黏合衬与衣片在高温热熔过程中会出现热缩现象，尤其是热压收缩率大的面料，衣片四周尺寸在裁剪时应放大 1 厘米左右。

▸ 毛样黏合衬裁片四周应小于衣片 0.4 厘米左右，防止黏合衬超出衣片而粘在黏合机或烫台上，导致黏合机传送衣片不畅，甚至产生无法处理的皱褶。

▸ 手工粘烫应选用蒸汽熨斗，且粘烫台板平整，台面软硬适中。因为湿热传导比干热传导要快，粘烫更充分、彻底。

▸ 各类黏合衬上的热熔树脂胶熔点不同，黏合温度应掌握在 120 ～ 160℃。毛料、厚料温度略高，混纺、薄料温度略低。

▸ 熨烫时，要将熨斗垂直向下压烫，不可随意移动，压烫一次的时间控制在 10 秒左右，也可根据面料与黏合衬的情况而定。

▸ 熨烫黏合衬时要有一定的顺序，以防漏烫。可用蒸汽调温熨斗给予少量蒸汽进行黏合，熨斗底部蒸汽眼处没有烫到的地方，应换位进行补烫。

四、袖套的缝制与熨烫

步骤一：准备两片长 42 厘米、宽 45 厘米的面料，四根宽度 1 厘米的松紧带。

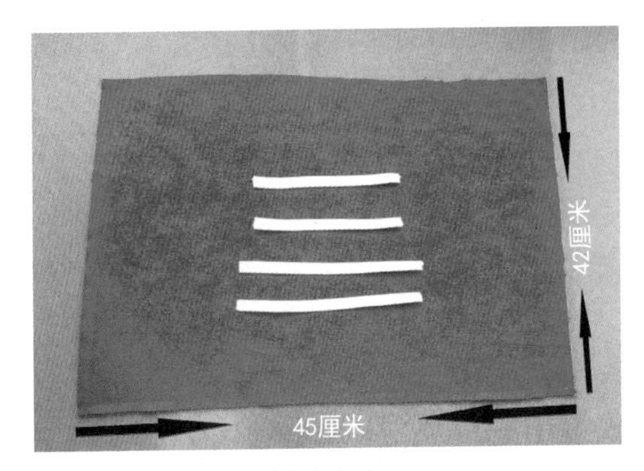

材料准备

步骤二：通常手腕处松紧带长度取 16 厘米，手臂处松紧带长度取 24 厘米，也可根据自己手腕、手臂的大小来确定松紧带长度。

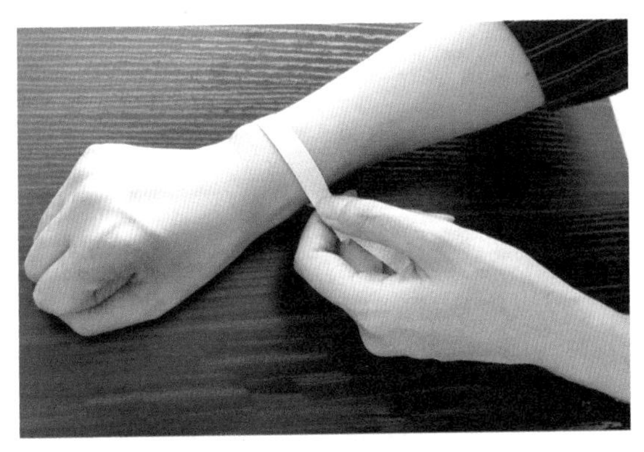

确定长度

步骤三：可用外包缝、内包缝、来去缝等进行合缝，但必须使用同一种缝型且左右对称。

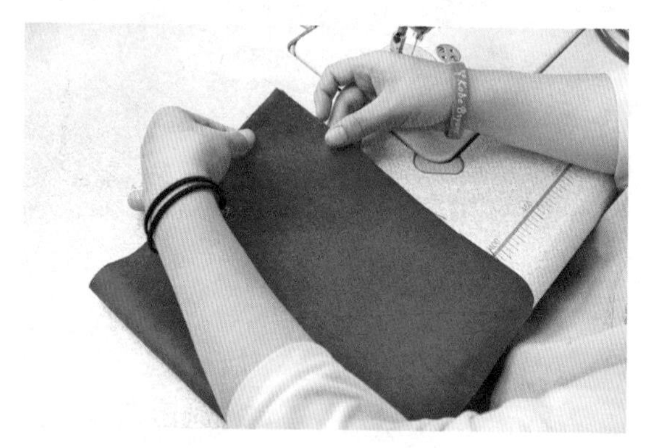

进行合缝

步骤四：以来去缝为例，将两片面料正面相叠，对齐后缉压 0.3 厘米的明线。

缉压明线

步骤五：把缝份的毛边修剪干净。

修剪毛边

步骤六：把缝份劈烫平整。

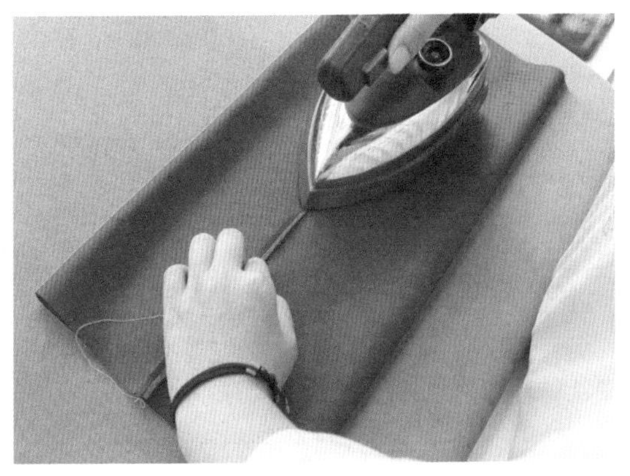

烫平缝份

步骤七：翻到反面，沿缝合处熨烫平整。

反面熨烫

步骤八：在熨烫好的反面缉压0.5厘米的明线，把第一道明线包在里面，并用同样的方法完成另一只的缝合。合缝左右要对齐，缉线要顺直，正面不见线迹。

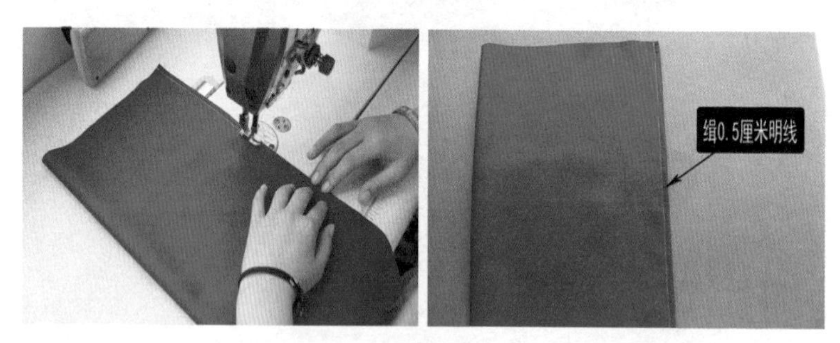

缉压明线

步骤九：在橡筋两头搭缝，多缉几道线加以固定，并用同样的方法固定其余橡筋。

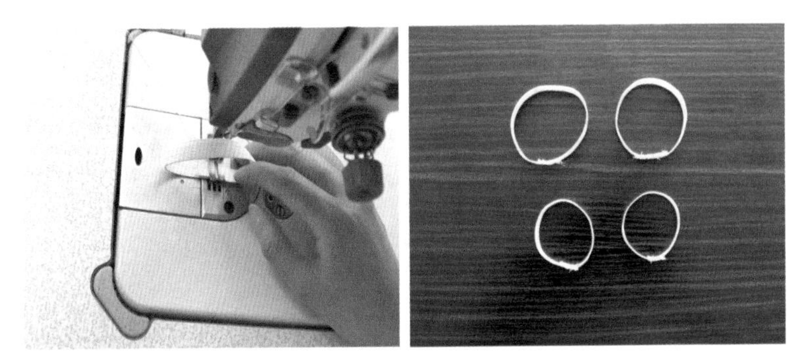

固定橡筋

步骤十：把两只袖套的四个袖头向内扣烫1厘米的缝头。

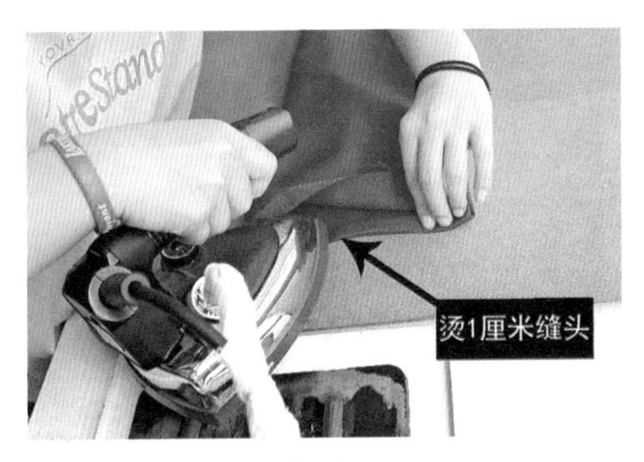

扣烫缝头

步骤十一：将橡筋包在扣烫好的袖头里进行卷边缝，且卷边宽度一致。

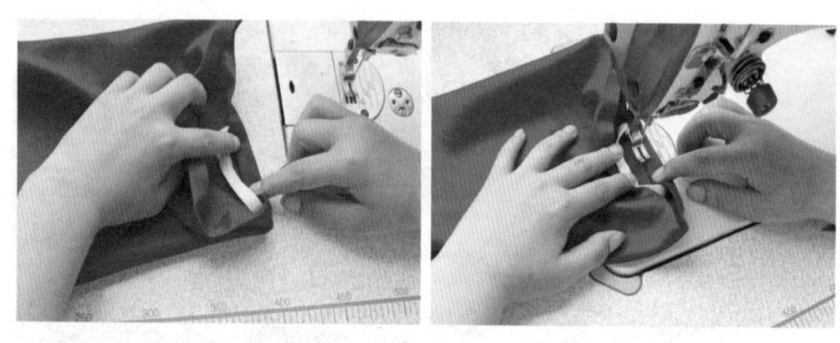

卷边缝

步骤十二：缉压 0.1 厘米的明线，起止倒来回针，要确保橡筋能在里面活动。

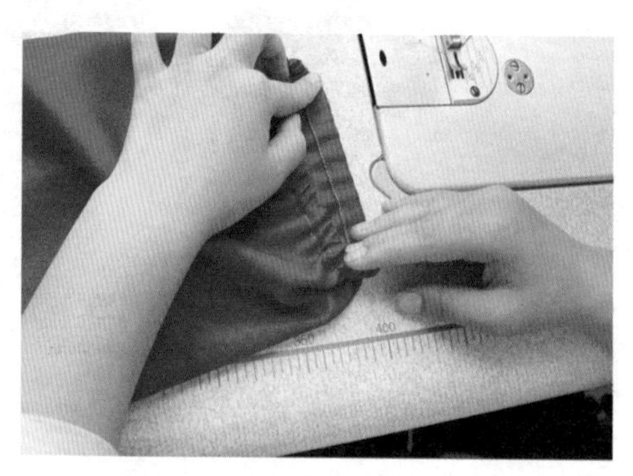

缉压明线

步骤十三：用同样的方法制作剩下的袖头。

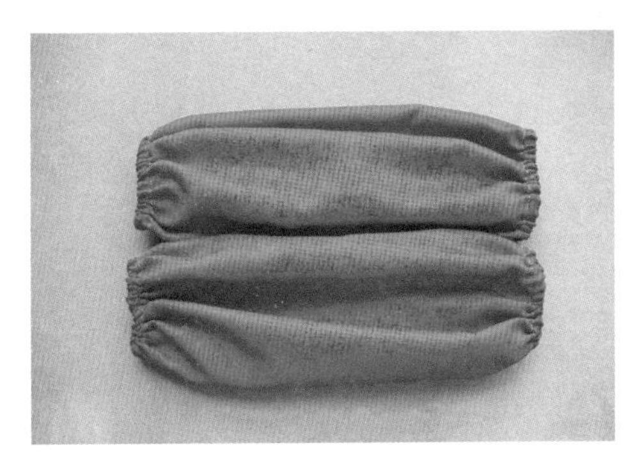

效果展示

· 3 ·

缝纫管理

第一节　缝纫及缝纫后处理

※学习目标

▶ 学会制作围裙的画样、裁剪和缝纫方法。

▶ 能够在围裙的基本款式上进行变化，设计并制作更多款式的围裙。

※学习重点

▶ 掌握围裙的缝纫方法。

一、围裙材料准备

围裙是做家务或工作时围在身前的裙子，是一种常见的服饰，款式丰富，面料多样，便于清洗，能起到遮挡作用，避免弄脏衣服。在结构上，围裙分为裙片和带子。

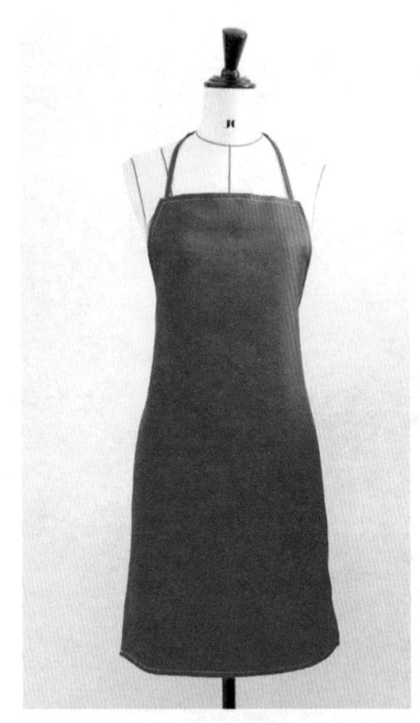

围裙正面款式图

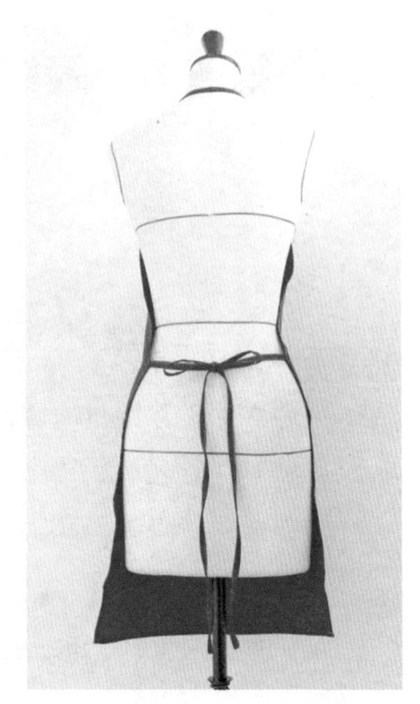

围裙反面款式图

围裙材料准备：

步骤一：选好面料后将其平铺，在面料反面按经纱方向对折成两层。

平铺

对折

步骤二：在面料反面画出 1/2 的裙身部分，借助弧形尺子画出弧线部分，沿着裙身中线对折，得到另一边的裙身部分。

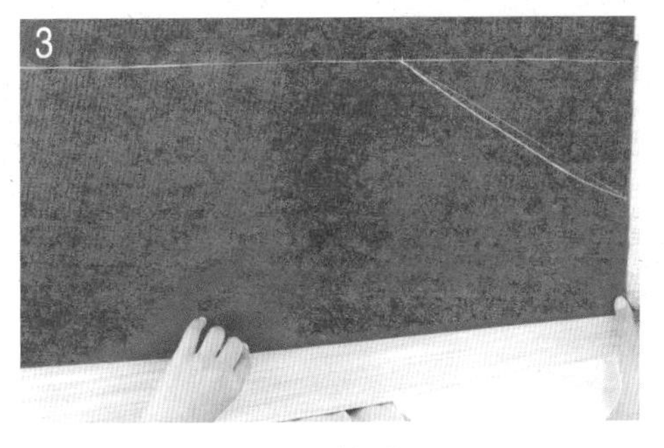

画结构图

画好的结构图

步骤三：用剪刀沿画好的缝纫线顺直裁剪，并在中心线位置打好剪口。

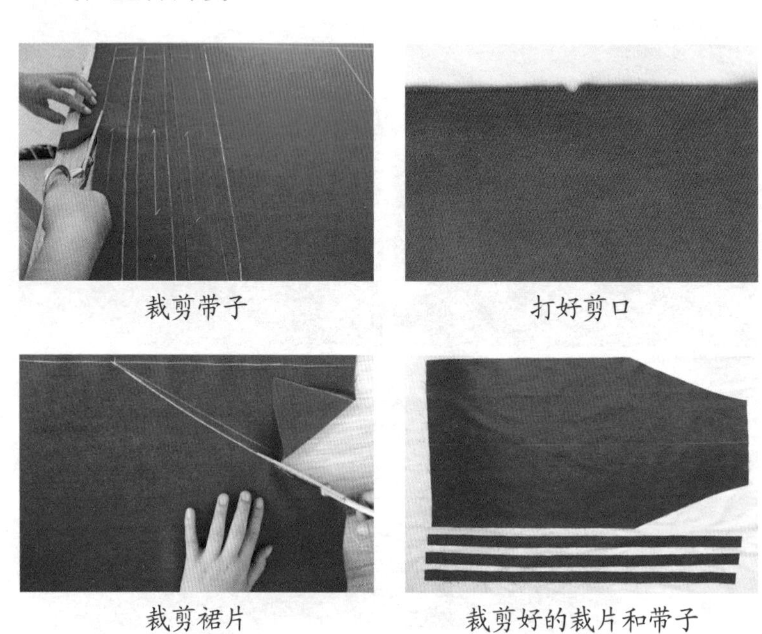

裁剪带子　　打好剪口

裁剪裙片　　裁剪好的裁片和带子

二、围裙制作工艺

制作围裙：

步骤一：先把带条两边分别翻折 0.8 厘米进行熨烫，再沿中心点进行翻折，烫出宽 1 厘米的带子。

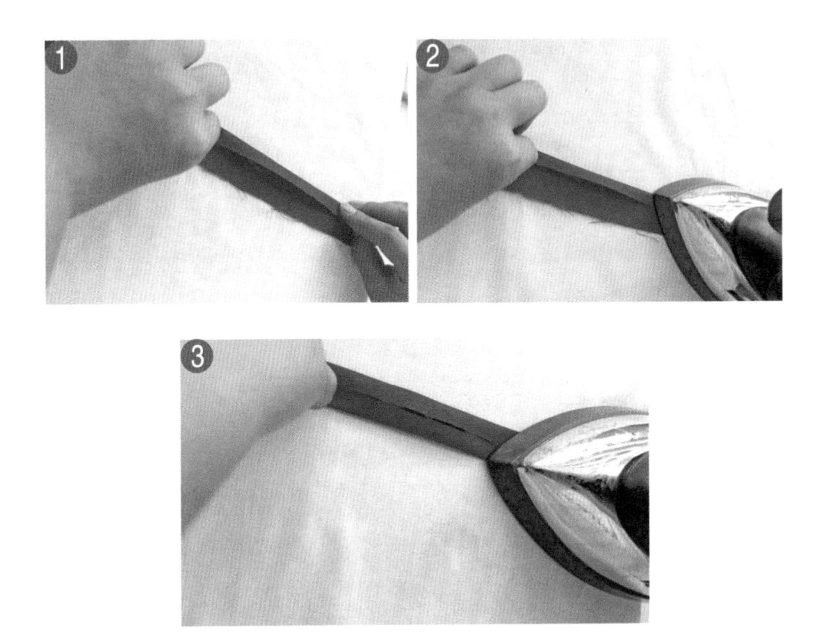

熨烫带条

步骤二：先把裙身布边翻折 0.8 厘米进行熨烫，再翻折 0.8 厘米后熨烫，然后把整个裙身都烫完。

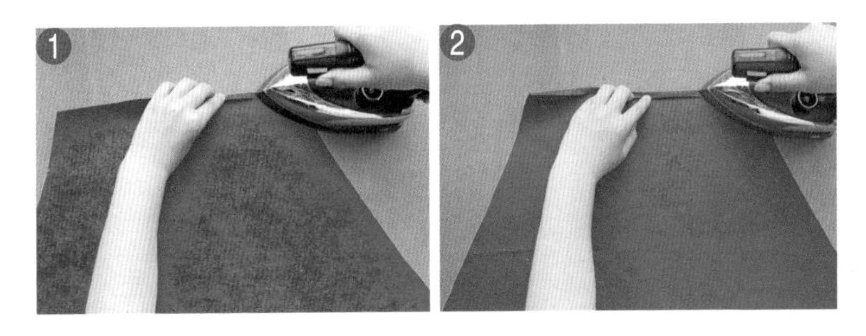

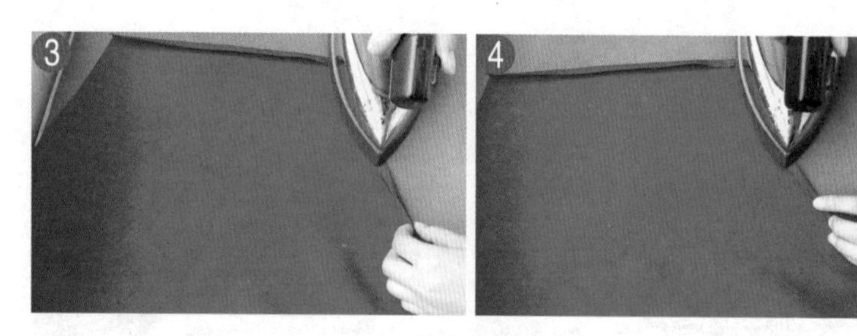

熨烫裙身

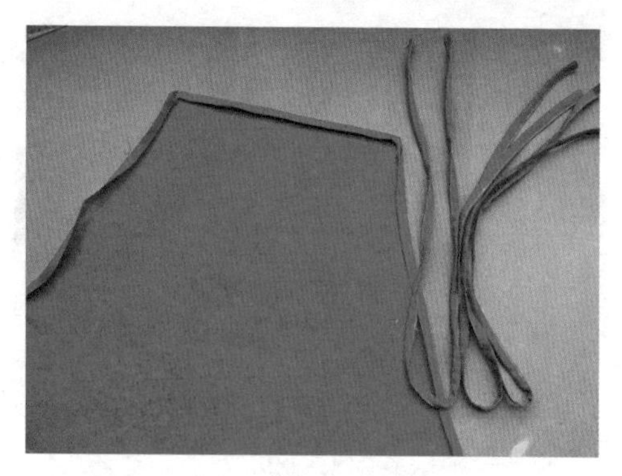

烫好的裙片和带子

步骤三：将制作好的带子放进烫好的裙身缝份里，把缝份倒向裙身，缉 0.1 厘米的明线，并倒针固定，缉线顺直，不起涟形。

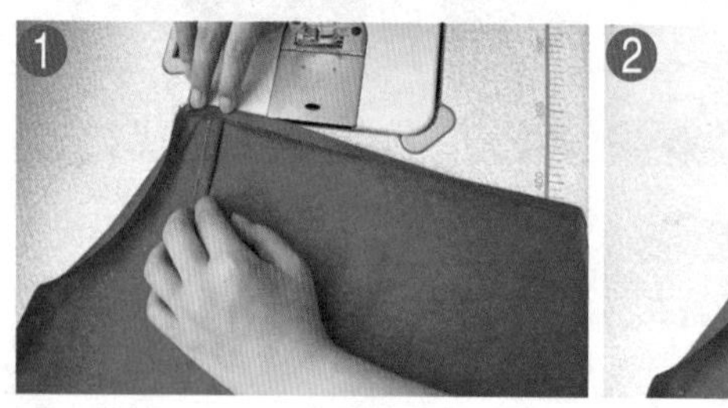

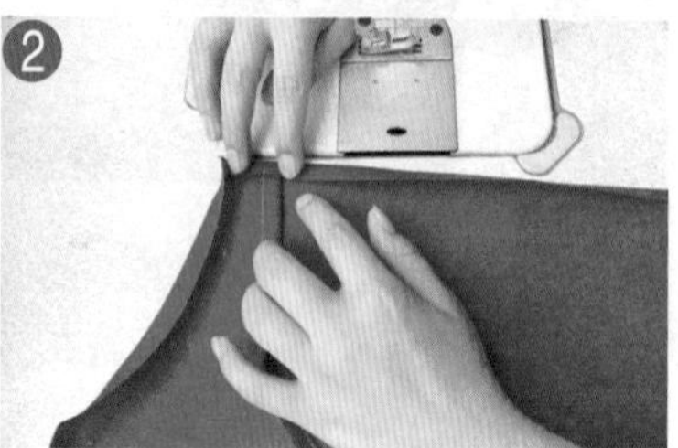

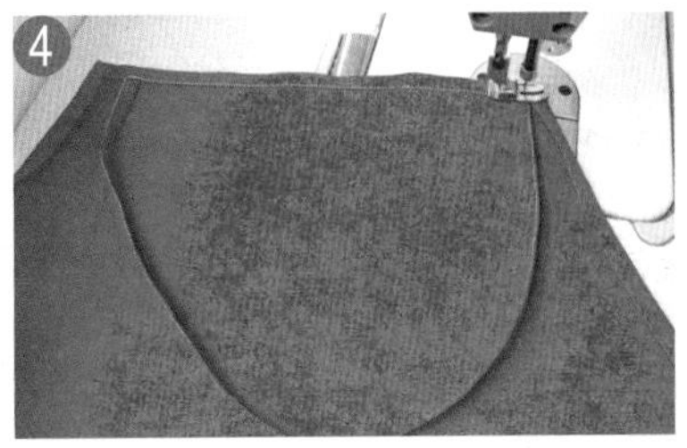

拼接裙身和带子

步骤四：沿边缘缉压一条明线，到侧缝处时把带子放好，用手压住带子和裙身，让带子不要移动。

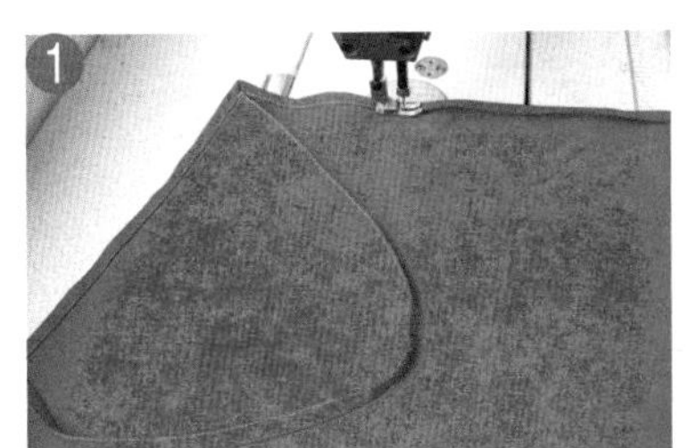
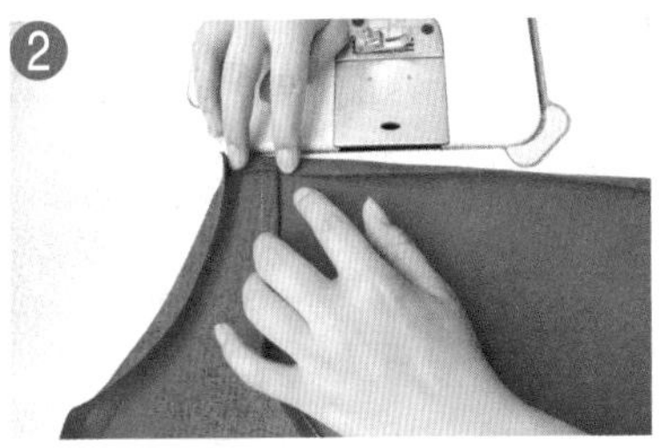
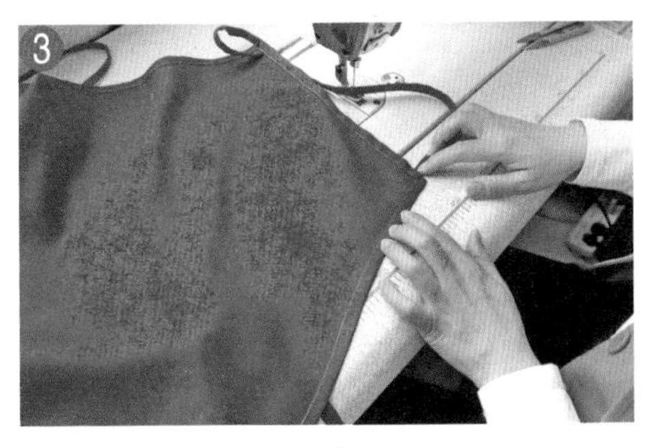

固定带子

步骤五：将带子翻到另一面，倒针加固。

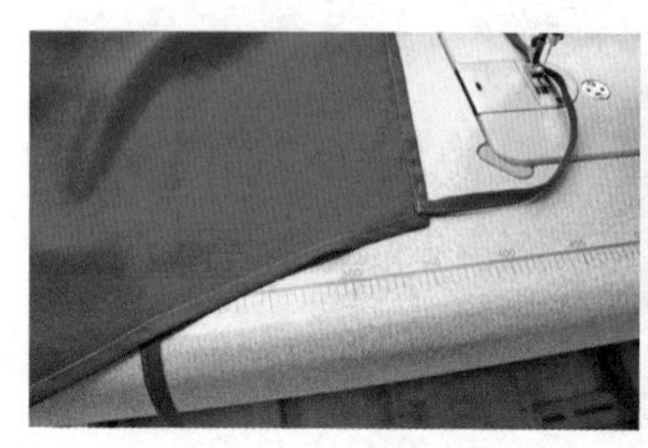
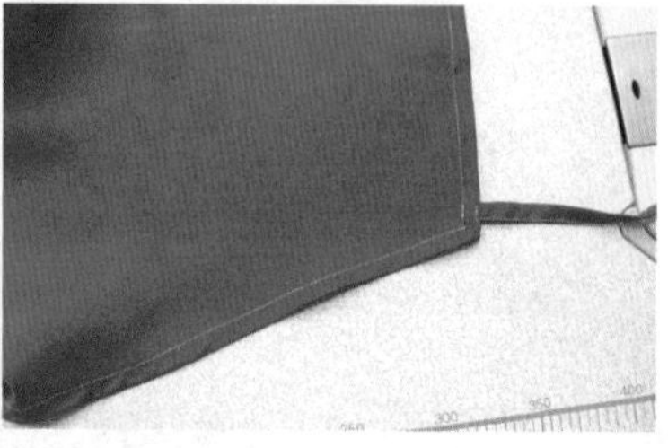

加固带子

步骤六：修剪线头后，将围裙进行熨烫和检验。

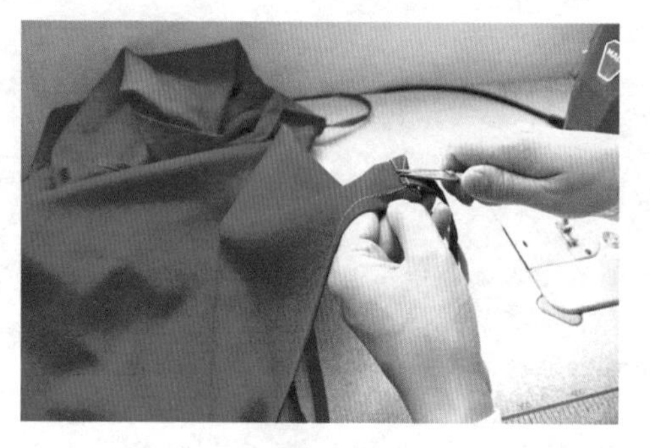

修剪线头

三、缝纫后处理

在缝纫过程中，若出现缝纫线缉压不顺直、需要拆解时，要使用正确的拆解方法并重新缝纫，即进行缝纫后处理。

步骤一：准备已经缝好的直线缝型。

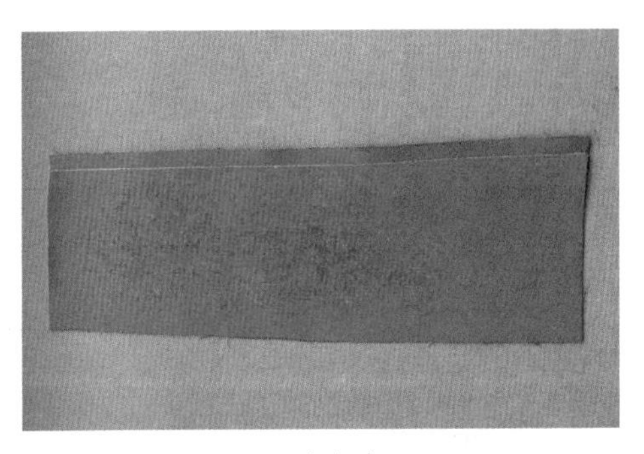

材料准备

步骤二：剪短原有线迹。

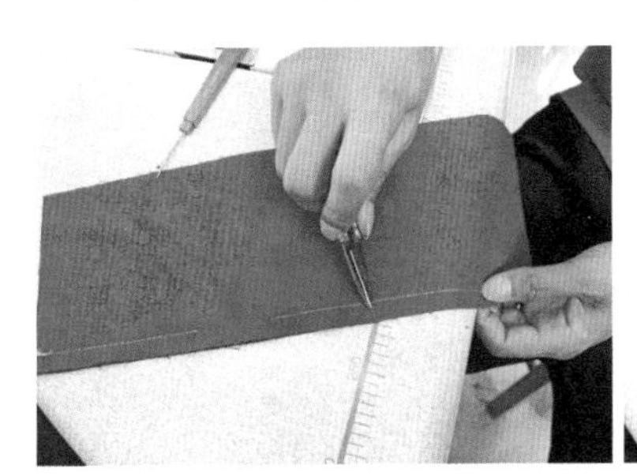

剪短线迹

步骤三：在两段线之间进行拉线。

拉线

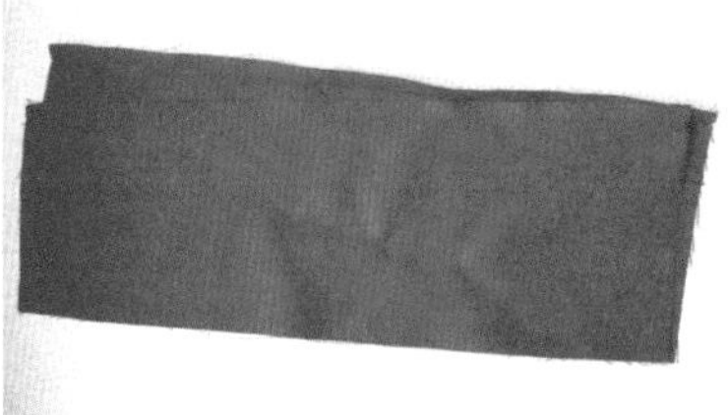

拆解好的缝型

步骤四：将两片面料对齐后，放在压脚下，起针时倒针。

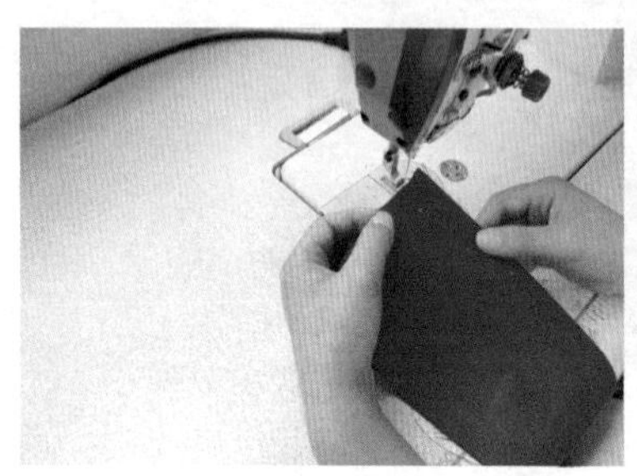
面料对齐

起针时倒针

步骤五：沿原先的线迹重新缝纫。

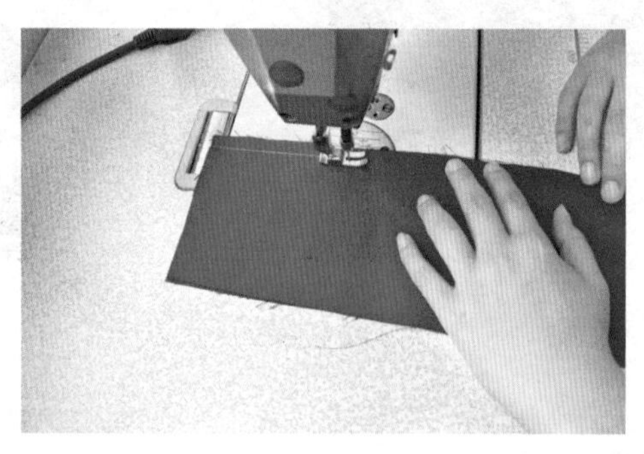
重新缝纫

第二节　工艺质量检测

※ 学习目标

▶ 学会缝制工艺质量检测的方法。

▶ 学会熨烫工艺质量检测的方法。

※ 学习重点

▶ 能够对服装进行简单的质量检测。

一、缝制工艺质量检测

缝制工艺质量检测是以服装生产标准和工艺生产要求为依据进行的检测，是服装生产过程中的安检关口，内容包括检测面料质地、缝制工艺、尺寸规格、污损情况、误差范围等。

针距、线距对比

针距是两针之间的距离，针距对比主要看针距是否按工艺要求进行缉缝。

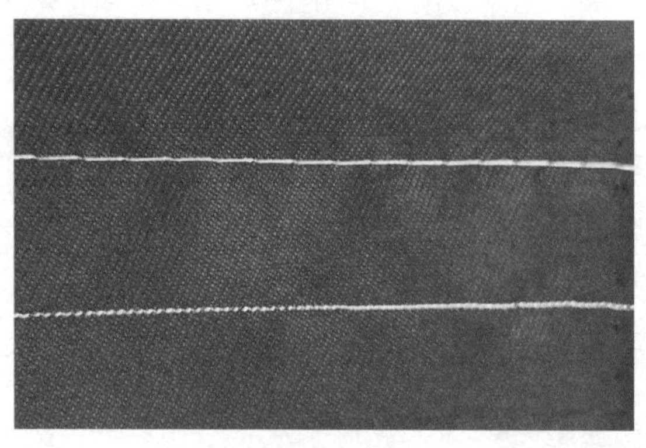

长短针距对比

线距是两线之间的距离，线距对比主要看线距是否按工艺要求进行缉缝。

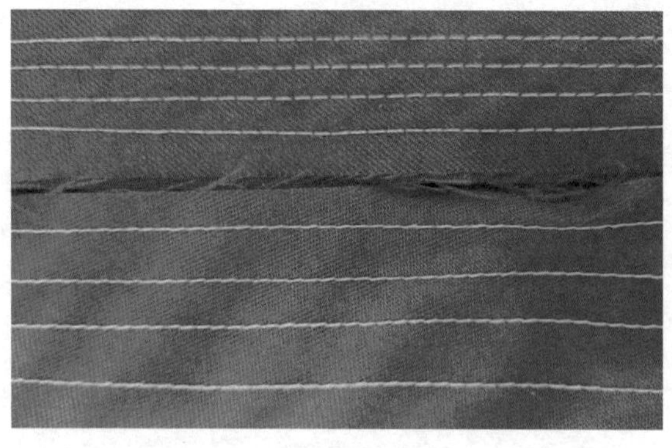

线距对比

断线、接线对比

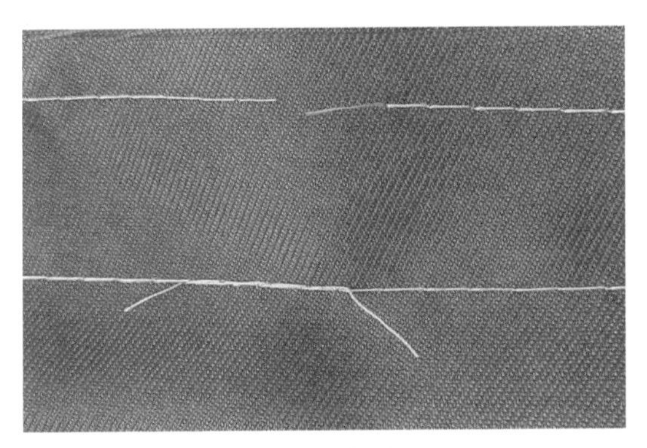

断线、接线对比

线头

线头是缉缝后遗留的尾线，缝制工艺对处理的线头长度有要求，过长过短均不合适。不同面料和部位的线头，工艺要求不同。

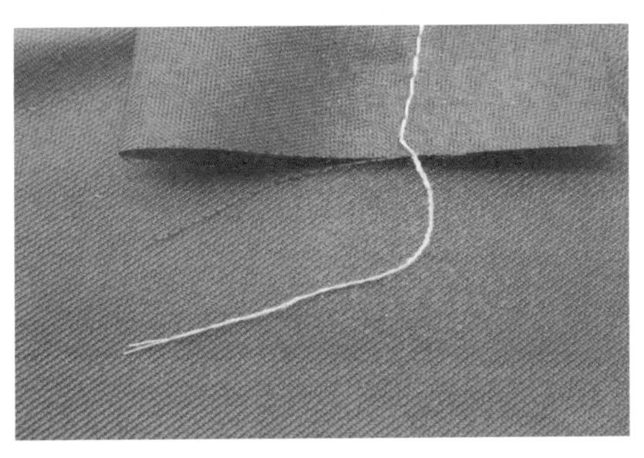

线头

固线

固线是对原有的线迹进行加固。

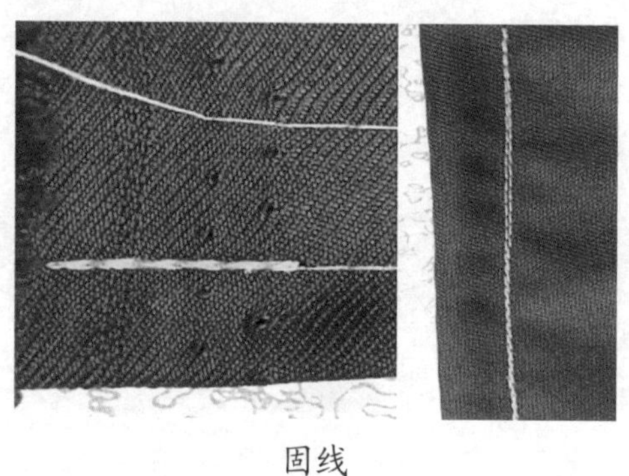

固线

线迹

线迹是手缝线缉缝过的面料留下的线的痕迹，要求流畅。

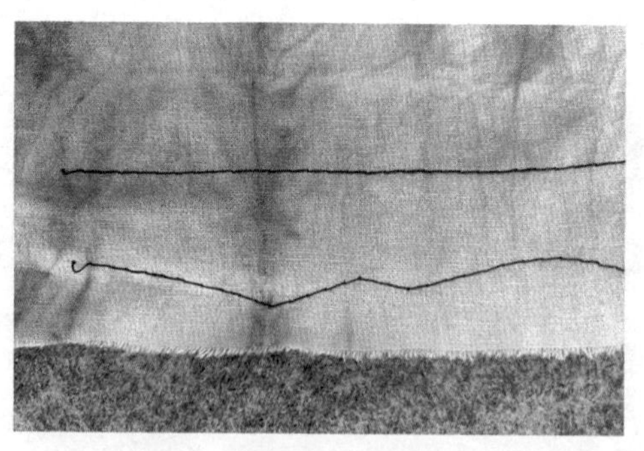

不同线迹对比

对位

对位是使面料定位的刀口处于同一个点，不能错开。

对位

刀口错位

服装打刀口是为了对位，刀口错位则是打好的刀口位置未对齐。

出现原因：送布牙抓力大，底层面料运行较上层面料快。

解决方法：通过人工调整，使上下层面料同步运行。

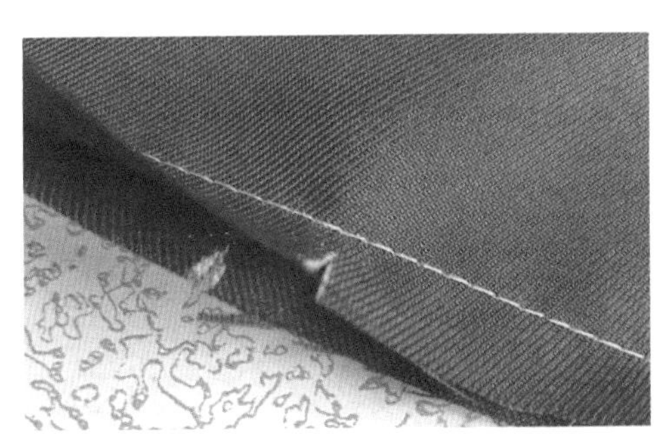

刀口错位

跳线

跳线是面线和底线没有勾挂，呈一针或多针离开。

出现原因：钩针与机针的间隙过大。

解决方法：调整钩针，缩小钩针与机针的间隙。

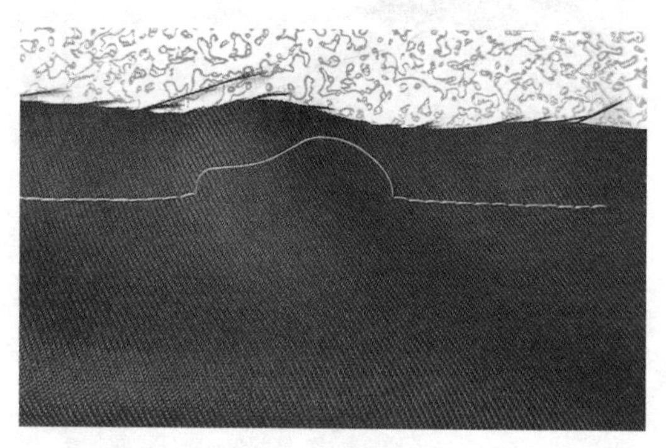

跳线

浮线

浮线是缝线不能与缝料紧密贴合而形成的线迹。

出现原因：底线张力过小或过大、面线过松或过紧、线没有绕过弹簧或弹簧没有弹力。

解决方法：调整底线张力、面线松紧，检查线是否绕过弹簧以及弹簧是否有弹力。

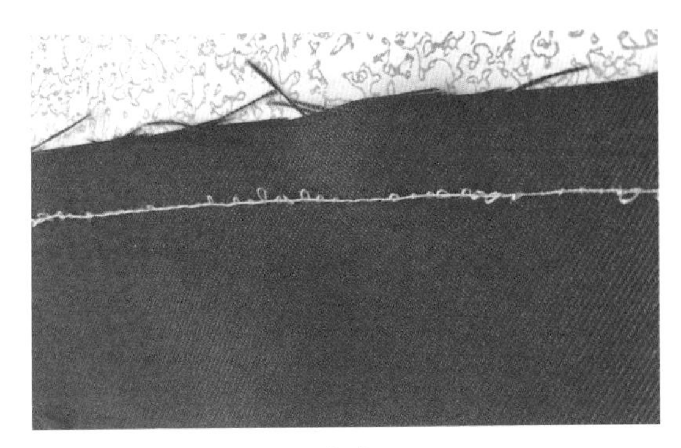

浮线

二、熨烫工艺质量检测

熨烫工艺质量检测是以服装熨烫工艺标准和要求为依据进行的检测，常规熨烫可从面料熨烫、辅料熨烫、缝型熨烫等方面进行检测。

面料熨烫检测

面料熨烫检测

主要检测面料是否出现烫黄、烫焦、搓亮发光等。

（1）烫黄

烫黄现象主要是温度过高、熨烫时间过长导致的，应根据面料材质选用合适的温度，减少熨烫时间，并多加观察。

烫黄

（2）烫焦

烫焦现象的产生原因和烫黄相同，应根据面料材质选用合适的温度，减少熨烫时间，并多加观察。

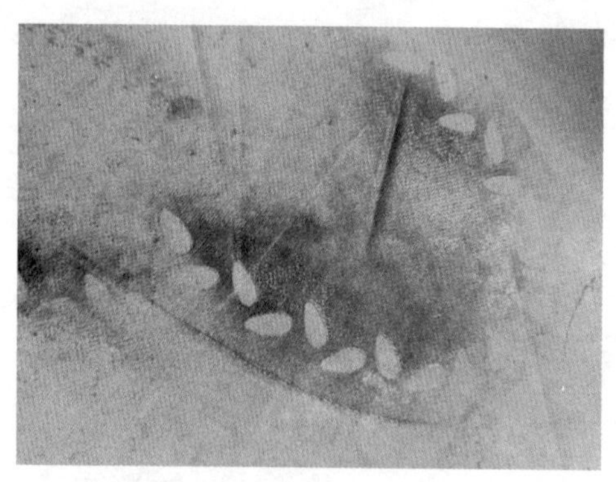

烫焦

（3）搓亮发光

搓亮发光主要是熨烫方法不正确，来回搓烫过多导致的，应在面料上铺一层棉布，或采用压烫的方式，避免来回搓烫。

搓亮发光

辅料熨烫检测

辅料熨烫检验主要检测面料是否出现起泡、起皱、烫化、黏合不牢等。

（1）起泡

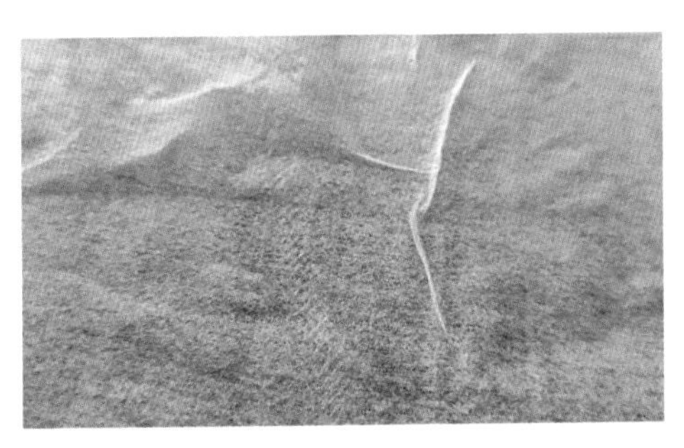

起泡

（2）起皱

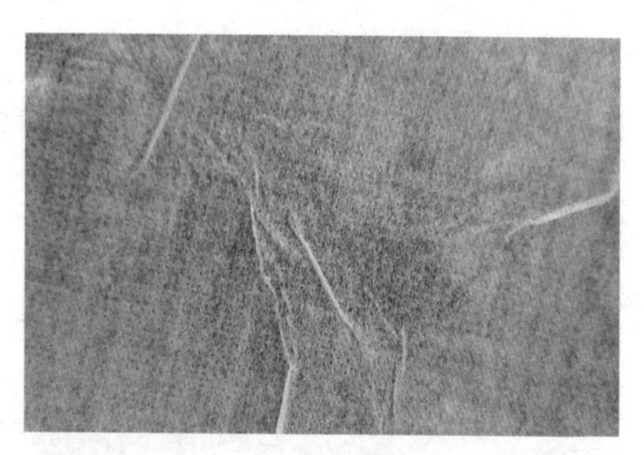

起皱

缝型熨烫检测

缝型熨烫检测主要检测缝合处倒向是否一致、烫迹是否分明、烫迹是否平整等。

（1）倒向不一致

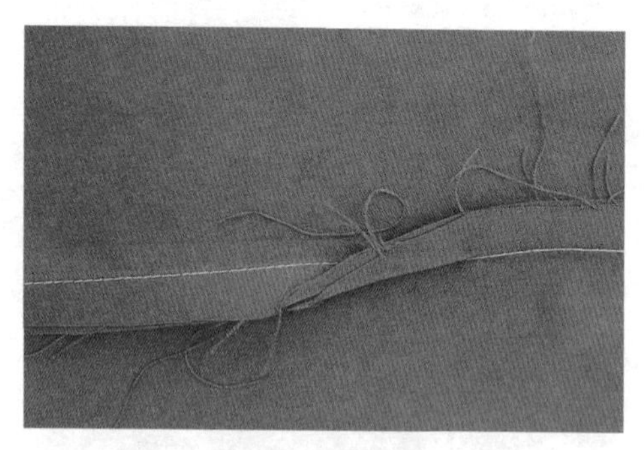

倒向不一致

（2）烫迹不分明

烫迹不分明

（3）烫迹不平整

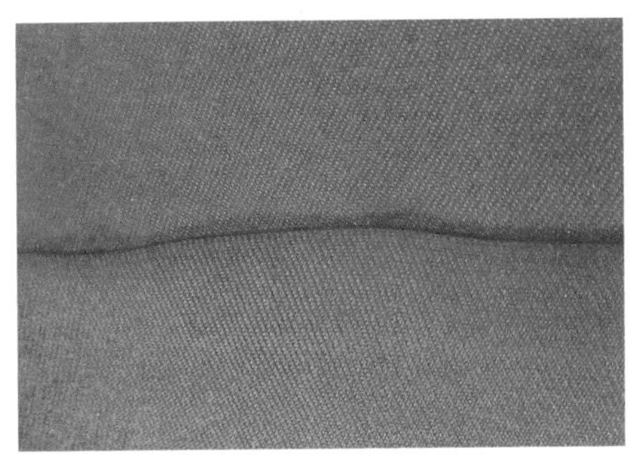

烫迹不平整

后　记

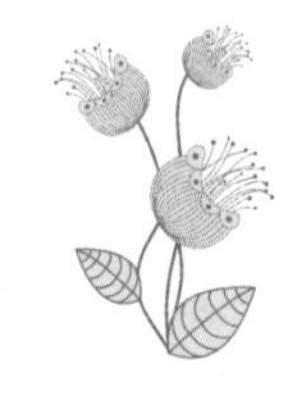

习近平总书记指出，“要加大对农村地区、民族地区、贫困地区职业教育支持力度，努力让每个人都有人生出彩的机会”。中共贵州省委、贵州省人民政府认真学习贯彻习近平总书记重要指示精神，于2021年召开了全省教育高质量发展大会，制定实施措施，安排贵州省教育厅在全省抓好落实。贵州省教育厅按照省委、省政府的工作部署，及时出台了《贵州省整体提升教育水平攻坚行动计划（2021—2030年）》，提出围绕全面推进乡村振兴战略需要，以提升学历水平、职业技能和农业生产经营能力为导向，深入推进面向农村的职业教育改革，加快培养高素质农民，全面扫除不能识别现代社会符号以及不能使用现代工具进行学习、交流的功能型文盲，集中力量对具有劳动能力但文化水平较低的人员实施技能学历双提升，通过职业教育让相关人员提升文化素养、学得一技之长，达到毕业条件的可发中等职业教育文凭。

《贵州省整体提升教育水平攻坚行动计划（2021—2030年）》提出，到2023年，全省参加“技能学历双提升工程”的相关人员达到40万人；到2025年，全省参加“技能学历双提升工程”的相关人员累计达到87万人。需要接受技能学历双提升工程培训的人员数量多、范围大，教材编写责任重大。

教材编写组坚持以习近平新时代中国特色社会主义思想为指导，按照《贵州省整体提升教育水平攻坚行动计划（2021—2030年）》规定的任务要求编写培训教材，力求体现中华优秀传统文化和贵州民族特色，落实课程思政要求，弘扬劳动光荣、技能宝贵、创造伟大的时代风尚，巩固脱贫攻坚成果，提高服务乡村振兴战略能力。

本教材文字表述准确规范、通俗易懂，充分考虑贵州省生产生活的实际情况及培训人员的理解能力，以劳动者日常生活所必需的知识和技能为出发点，选择实用案例，并配上图片予以讲解、说明。教材将双提升培训与乡村振兴相结合，内容包括文化、生产生活技能、政策法规等，同时考虑现实需要和学员的学习规律，结合现代科学技术，内容设置层层递进，不仅让学员提升学历、技能，还可以弘扬社会正气，引导学员牢固树立社会主义核心价值观、培养艰苦奋斗的作风。在教学培训中，既可以利用现代技术进行线上学习，又可以通过新时代农民讲习所、乡村夜校等平台集中培训，还可以让大学生志愿者、乡镇干部、驻村干部、科学技术人员和其他人员等轮流授课，也可以发动广大中小学生利用周末、寒暑假的时间向家人普及相关知识，实现课堂教学、自主学习与“1＋1”(1名学生助力1个家庭）模式灵活结合。

本教材的第一章由李太宝、罗秋芬和杨臻圆编写，第二章由张晓丽、王凯洪和吴建英编写，第三章由赵小英和王凯洪编写。

由于编写组成员水平有限，教材中可能存在疏漏、错误，恭请广大读者批评指正。